德国少年儿童
植物大百科

[德] 曼弗雷德·鲍尔 / 著　　李雪 / 译

长江出版传媒 ｜ 长江少年儿童出版社

目录

苔藓是最古老的陆地植物之一，它们既没有根系也没有花朵，连种子都没有。在它们的孢蒴里，极为细小的孢子静静发育成熟，等待着有一天随风而起，散播到四方。

毒蝇鹅膏菌（又称蛤蟆菌）不是植物，不过它经常与桦树的根部共生。

▶ 符号代表此页会介绍植物世界的特别主题哟！

▶ 什么是植物？ ·········· 4
▶ 光合作用 ·········· 6
▶ 真 菌 ·········· 8
▶ 植物的结构 ·········· 10
▶ 栖息地 ·········· 12
▶ 温带的栖息地 ·········· 14

田旋花 ·········· 16
龙舌兰 ·········· 17
槭 树 ·········· 18
金合欢 ·········· 19
藻 类 ·········· 20
凤 梨 ·········· 22
苹 果 ·········· 23
山羊榄 ·········· 24
竹 ·········· 25
香 蕉 ·········· 26
猴面包树 ·········· 27
棉 花 ·········· 28
垂枝桦 ·········· 29
梨 ·········· 30
荨 麻 ·········· 31

黑 莓 ·········· 32
凤梨科植物 ·········· 33
豆瓣菜 ·········· 34
欧洲水青冈 ·········· 35
五彩苏 ·········· 36

丛林银莲花 ·········· 37
腰 果 ·········· 38
卡宴辣椒 ·········· 39
金鸡纳树 ·········· 40
海 枣 ·········· 41
索科龙血树 ·········· 42
榴 梿 ·········· 43
北欧花楸 ·········· 44
高山火绒草 ·········· 45
红豆杉 ·········· 46

栎 树 ·········· 47
木本曼陀罗 ·········· 48
克氏龙胆 ·········· 49
桉 树 ·········· 50
蕨类植物 ·········· 51
班克树 ·········· 52
云 杉 ·········· 53
滨玉蕊 ·········· 54
亚 麻 ·········· 55
欧丁香 ·········· 56

雏 菊 ·········· 57
银 杏 ·········· 58
毒 豆 ·········· 59
▶ 植物育种和绿色基因工程 ·········· 60
牛 蒡 ·········· 62

毛 茛 ·········· 63
大 麻 ·········· 64
欧 榛 ·········· 65
犬蔷薇 ·········· 66
蓝 莓 ·········· 67
巨独活 ·········· 68
木 蓝 ·········· 69
姜 ·········· 70
短叶丝兰 ·········· 71
刺毛黧豆 ·········· 72
咖 啡 ·········· 73
可 可 ·········· 74
母 菊 ·········· 75
猪笼草 ·········· 76

美洲木棉 ·····················78

绿豆蔻 ·····················79
马铃薯 ·····················80
橡胶树 ·····················81
欧洲赤松 ·····················82
欧洲甜樱桃 ·····················83
虞美人 ·····················84
古 柯 ·····················85
椰 子 ·····················86
大花蛇鞭柱 ·····················87
矢车菊 ·····················88
南 瓜 ·····················89
欧洲落叶松 ·····················90
狭叶薰衣草 ·····················91
吊瓜树 ·····················92
椴 树 ·····················93

金鱼草 ·····················94
蒲公英 ·····················95
铃 兰 ·····················96
玉 米 ·····················97
▶ 植物的繁衍 ·····················98

红 杉 ·····················100
扁 桃 ·····················101
木茼蒿 ·····················102
马鲁拉树 ·····················103
含羞草 ·····················104
苔 藓 ·····················105
肉豆蔻 ·····················106
月见草 ·····················107
水 仙 ·····················108
康乃馨 ·····················109

油橄榄 ·····················110
甜 橙 ·····················111
兰 花 ·····················112
杨 树 ·····················114
纸莎草 ·····················115
鹤望兰 ·····················116
巴西栗 ·····················117
芍 药 ·····················118
意大利石松 ·····················119
大花草 ·····················120
欧洲油菜 ·····················121
稻 ·····················122
王 莲 ·····················123

千里木 ·····················124
金盏花 ·····················125

玫 瑰 ·····················126
欧洲七叶树 ·····················127
美洲红树 ·····················128
毛地黄 ·····················129
番红花 ·····················130
巨人柱 ·····················131
梭 梭 ·····················132
沙 棘 ·····················133
菁 草 ·····················134
芦 苇 ·····················135
黑刺李 ·····················136
黄花九轮草 ·····················137
雪滴花 ·····················138
西洋接骨木 ·····················139
胡 椒 ·····················140

海椰子 ·····················141
白 柳 ·····················142
大 豆 ·····················143
▶ 植物的感官 ·····················144

向日葵 ·····················146
茅膏菜 ·····················147
长叶车前 ·····················148
凤仙花 ·····················149
曼陀罗 ·····················150
冬 青 ·····················151
汉荭鱼腥草 ·····················152
沙茅草 ·····················153
驴蹄草 ·····················154
烟 草 ·····················155
欧洲银冷杉 ·····················156

茶 ·····················157
菟丝子 ·····················158
巨魔芋 ·····················159
颠 茄 ·····················160
郁金香 ·····················161
榆 树 ·····················162
香荚兰 ·····················163
堇 菜 ·····················164
捕蝇草 ·····················165
勿忘草 ·····················166
欧洲刺柏 ·····················167
野草莓 ·····················168

香车叶草 ·····················169
白藤铁线莲 ·····················170
胡 桃 ·····················171

▶ 防御就是一切 ·····················172

浮 萍 ·····················174
狸 藻 ·····················175
菊 苣 ·····················176
葡 萄 ·····················177
桑 树 ·····················178
小 麦 ·····················179
▶ 植物和仿生学 ·····················180

红车轴草 ·····················182
草地鼠尾草 ·····················183
绞杀榕 ·····················184
薯 蓣 ·····················185
肉 桂 ·····················186
柠 檬 ·····················187
甘 蔗 ·····················188
洋 葱 ·····················189

▶ 名词解释 ·····················190

仙人掌通过储存大量的水来抵御炎热和干燥。

什么是植物？

植物世界异彩纷呈，千姿百态。从微小的苔藓到高大的巨杉，植物世界物种极其丰富，数量更是庞大。植物学家为区分这些植物建立了相关体系，也归纳出了各种类目系统。要想把这些都搞明白，需要系统学习生物学知识。本书是一个概览，在对植物的分类上进行了简化处理。

有无维管束

根据植物获取水分的方式，我们可以把植物分为两大类：一类是维管植物，另一类是非维管植物。维管束是由韧皮部和木质部及其周围的机械组织等构成的管状结构，是维管植物体内特殊的维管组织。维管植物通过维管束来运输水和养分。

植物的颜色

大部分植物都有一个共同的颜色——绿色。植物吸收太阳光的能量，利用水和二氧化碳合成糖类等有机物，这个过程被称为"光合作用"。而光合作用的关键就在植物所蕴含的叶绿素，绝大多数植物都有叶绿素。不过也有少数植物例外，它们没有叶绿素，叶子极度退化，几乎无法或者不再进行光合作用，这种情况下，它们一般都是寄生在其他植物身上的，但它们仍然被看作植物。

蘑菇不是植物，它属于真菌。真菌没有叶绿素，不进行光合作用。

藻类　　　　　苔藓

非维管植物

并非所有植物都依靠维管束获取水分。非维管植物不具备运输水分的维管束，它们通常长得不高。这类植物包括苔门、藓门、角苔门。苔藓只生长在阴暗潮湿的地方。就算它们长了假根，这些假根的作用也只是将它们牢牢固定在地面上，而不是汲取水分。苔藓属于孢子植物，这意味着它们的繁殖不是通过种子传播，而是通过微小的孢子，借助风媒或水媒传播。

地钱

地钱，别名地浮萍，看起来一片片的。它们通过孢子或者胞芽进行繁殖。胞芽生于胞芽杯中，下雨时会被雨水冲刷出来。

胞芽杯

孢蒴

真藓

真藓是苔藓植物中的小型藓类。低矮的植株上生长着微小的拟叶，细细的拟茎上的孢蒴里藏着无数小孢子。

水中的藻类

海里的日光区生活着无数种藻类，淡水中也同样有藻类的身影，它们生长在水塘、湖泊、小溪与河流中。水中的藻类通过光合作用产生氧气，而氧气正是动物赖以生存的基础。

4

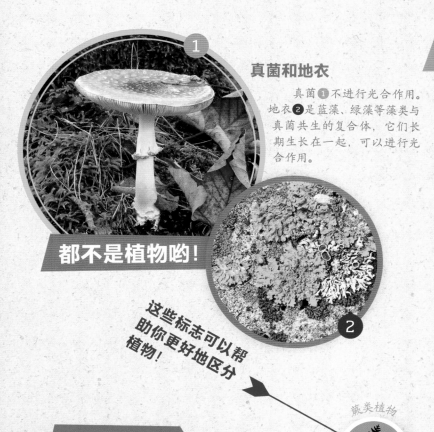

真菌和地衣

真菌❶不进行光合作用。地衣❷是蓝藻、绿藻等藻类与真菌共生的复合体，它们长期生长在一起，可以进行光合作用。

都不是植物哟！

这些标志可以帮助你更好地区分植物！

植物的进化

在本书的植物小档案中，你会发现以下圆形标识。这些圆形标识代表着植物进化中的重要步骤。藻类最先来到了陆地上，苔藓就是从中演化而来的。苔藓没有根，它通过拟叶吸收水分，通过孢子来繁殖。蕨类植物也通过孢子来繁殖，但它们已经具备了维管系统和根系。而裸子植物则通过种子来繁殖，针叶树都属于裸子植物，银杏和苏铁门植物也通过种子传播来繁殖，也属于裸子植物。被子植物，即开花植物，则会用果实保护它们的种子。盛开的花朵吸引动物传粉者，从而完成传粉。

蕨类植物

裸子植物

被子植物

维管植物

如果某种植物通过根系从土壤中摄取水分，我们就说它是维管植物。水分沿着植物的维管束被运输到植物的各个部位。水分对植物来说非常重要，尤其是叶片里的水分，这是植物进行光合作用不可或缺的要素。大多数植物都属于维管植物，通过种子传播繁殖，被子植物或者裸子植物的种子在花或果实中发育成熟。蕨类植物则不同，它们是通过孢子传播来繁殖。有的维管植物体内有一种叫作木质素的物质，可以使细胞变得坚硬。这些植物木质化了，就可以长得很高。

蕨类植物

蕨类植物由根、茎、叶组成。它们的繁殖靠孢子传播，孢子就长在叶片的背面。蕨类植物至今已经存在 3 亿年了。

裸子植物

针叶树的叶子是针形或鳞形的。雄球果产生花粉，通过风媒为雌球果传粉，于是种子就诞生了。

被子植物（开花植物）

花在植物进化过程中是较晚出现的。花通过香味、颜色和花蜜，吸引昆虫、鸟类和其他动物前来，这些动物在花朵之间穿梭时会带走花粉，从而帮助植物传粉。传粉后的花朵最终发育成种子，被子植物就是通过种子传播来实现繁殖的。

银杏科植物

银杏科植物也属于维管植物，不过这个科下只有一种植物，就是银杏。银杏开裂的叶片独特而醒目。

光合作用

⑤ 太阳光

③ 氧气
释放

④ 葡萄糖

进入
② 二氧化碳

① 水

植物牢牢扎根于地下，不能像动物那样四处寻找或猎取食物。但植物也不需要觅食，它们可以自己制造生长所需的有机物质。植物实现自给自足只需要空气中的二氧化碳（CO_2）、土壤中的水（H_2O）、作为能量来源的太阳光，以及一些来自土壤的矿物质。

绿色色素

叶子中的绿色色素——叶绿素，使得植物能接收太阳光的能量并制造出简单的糖分子——葡萄糖。在这个过程中，植物成功把太阳光能转化为化学能量。植物体内发生的化学反应组成的复杂过程被称为光合作用。

光合作用的过程

① 水（H_2O）
植物的根系从土壤中吸收水分以及溶解在水中的营养物质。大部分水都作为运输工具，通过叶片的气孔蒸发掉了。只有一小部分水用于光合作用。

② 二氧化碳（CO_2）
空气中的二氧化碳通过叶片的气孔进入植物体内。

③ 氧气（O_2）
氧气是光合作用的副产品，通过叶片的气孔释放到空气中。动物和人类呼吸时都需要氧气。

④ 葡萄糖
光合作用所产生的葡萄糖通过维管束输送到植物的各个部位。

⑤ 阳光
叶片的作用类似太阳能电池，能吸收并利用太阳光中的红光和蓝光，绿光则被叶片反射，这就是为什么植物的叶子是绿色的，甚至有时植物的茎也是绿色的。

糖、纤维素、淀粉

　　植物利用葡萄糖制造出许多其他物质，例如蔗糖。蔗糖正是大家经常吃到的白砂糖的主要成分，植物中甘蔗和甜菜的蔗糖含量尤其丰富。植物还会将葡萄糖分子合成长长的纤维素分子，植物细胞那坚硬的细胞壁就是由纤维素构成的。纤维素使植物细胞壁有足够的强度和韧性，有助于植物维持挺拔的形态。有时植物还会通过体内的一些酶将葡萄糖分子脱水缩合，制造出淀粉。淀粉储存在叶子、根、块茎、种子和果实中，比如马铃薯块茎就含有大量的淀粉。需要能量时，植物又会把淀粉分解成葡萄糖。我们吃土豆或面包时，也能获得淀粉中储存的能量。归根结底，所有动物的生存根本都与植物有关，也就是与阳光有关。

额外的养分

　　动物吃植物在自然界中很常见，但也有相反的例子——食虫植物，这些植物会捕捉昆虫和其他小型动物，为自己提供额外的养分。因此，捕蝇草、茅膏菜等食虫植物可以在养分贫乏的环境中生存。

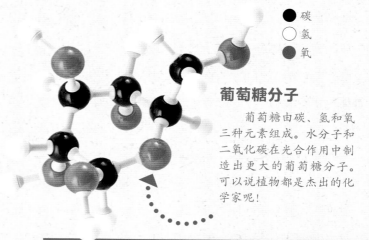

● 碳
○ 氢
● 氧

葡萄糖分子

　　葡萄糖由碳、氢和氧三种元素组成。水分子和二氧化碳在光合作用中制造出更大的葡萄糖分子。可以说植物都是杰出的化学家呢！

知识加油站

▶ 空气中二氧化碳的含量约为 0.04%。这个占比很低，但足够让植物吸收并制造营养物质满足自己的生长所需了。

▶ 绿藻和某些类型的细菌也能进行光合作用。史前时代正是它们提供氧气，让地球的大气环境变得有利于动物生存，促使动物不断演化。

苍蝇

捕蝇草

　　啪嗒！陷阱关上啦！这种植物从捕获的昆虫身上获取重要的营养物质。

叶片的结构

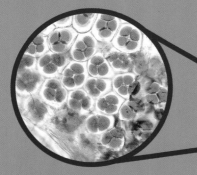

叶肉细胞

　　植物叶片的叶肉细胞中含有叶绿体，能吸收太阳光能量的叶绿素就在叶绿体中。植物正是利用叶绿素收集到的太阳能，结合二氧化碳和水制造出了葡萄糖。光合作用就是在叶绿体中进行的。

气孔

　　叶片背面有气孔，多余的水分和光合作用产生的氧气从气孔中释放出来，光合作用需要的二氧化碳通过气孔被植物吸收。

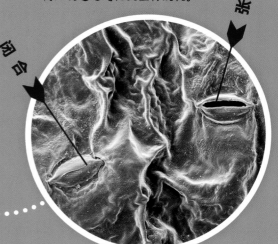

闭合

张开

真菌

真菌像植物一样，也是从土壤里长出来的。于是在过去很长一段时间里，生物学家曾把真菌归入植物之列。事实上，真菌在某些方面更像动物而不是植物。有些真菌的细胞壁中含有甲壳素，而甲壳素正是构成昆虫甲壳的材料之一，植物细胞的细胞壁由纤维素构成。还有一点，真菌也和动物一样，它们将能量储存在一种叫作糖原的物质中，这种碳水化合物也存在于动物的肝脏和肌肉中。而植物则不同，植物以淀粉的形式储存能量，例如马铃薯的块茎。真菌还像动物一样，呼吸时需要氧气。最重要的是，真菌不像植物那样拥有叶绿素，所以它们不能吸收太阳光的能量，也不进行光合作用。

是什么破土而出？

长在地面上，被我们称为蘑菇的东西其实只是真菌的子实体。真菌的其他部分在地下，由不计其数、勾连缠结着的极为纤细的丝线组成，在土壤颗粒之间生长。单根的丝状体叫作菌丝，所有菌丝的总和则称为菌丝体。可以说真菌其实生长在黑暗中，只有会孕育孢子的部分——子实体才会破土而出。子实体通常由一个菌柄和一个菌盖组成。像伞一样的菌盖下，挂着含有孢子的片状或管状物。这些孢子靠风媒或水媒传播。

毒蝇鹅膏菌

它们看起来是不是很漂亮？但它们非常危险哟！有些真菌可以食用，不过不包括艳丽的毒蝇鹅膏菌，它可是有毒的！去野外捡菌子时，只能捡那些你认识且确认的无毒可食用菌子。要是拿不准，最好不要捡，或者求助野生菌类专家！

知识加油站

▶ 真菌常常与树等植物相互合作，形成一种互惠共生的关系。

▶ 有些真菌的菌丝与植物的根缠连共生，生物学家给这样的根起了个名字，叫作菌根。这个词的意思就是：真菌与植物的根的共生体。

▶ 菌根能降低植物对干旱的敏感性，还能保护植物免受细菌的侵害。

▶ 通过菌根，植物之间也能建立连接和交换养分。因此，真菌对植物的生长极为重要。

共生关系

菌丝与树的根系紧密相连，彼此进行物质的交换。真菌为树提供了水和矿物质，作为回报，它们也从树那里获取了糖分。

真菌是丝状生物。真正的真菌由密集的菌丝网络组成，也就是菌丝体。仅仅一克土壤中的菌丝连起来的长度可达100米。

青霉菌

能救命的真菌：这种青绿色霉菌就是青霉菌，它们喜欢长在腐烂的果实上。青霉菌能分泌一种杀灭细菌的物质，也就是青霉素。1928年，研究人员偶然发现青霉素可以杀灭致人患病的细菌。

没有菌盖的真菌

真菌无处不在，你在家中也能发现它们的身影。最常见的是无菌盖的霉菌，霉菌长在食物上会让食物腐坏，长在潮湿的墙壁上会形成斑斑点点。霉菌还能使植物、动物或者人类患病。然而，霉菌和其他真菌一样，在自然界中也发挥着重要作用。植物死掉的部分以及动物的尸体都需要霉菌来分解，好让营养物质重新回到自然界的循环中。酵母菌是单细胞真菌，也没有菌盖，不管什么地方，只要有丰富的糖分，比如甜甜的果实里，酵母菌就能茁壮生长。酵母菌能让糖分发酵，同时释放二氧化碳，而这进一步促进了酵母菌的繁殖。这就是为什么发酵面团在烘烤过程中会膨胀。酵母菌也被用于酿造啤酒和葡萄酒。

真菌的形态

真菌的子实体从外观上看，可以说是千姿百态。松露❶是一种真菌，也是一种非常昂贵的食材，它们藏在森林里的土壤中，要靠专门寻找松露的猪或狗去嗅寻。阿切氏笼头菌（又叫"章鱼臭角""恶魔手指"）❷长着红色的"手指"，上边覆盖着黏滑的孢子。它的子实体散发着腐肉的气味，能吸引蝇虫前来传播孢子。鹿胶角菌❸长在云杉、冷杉等针叶树的腐木或木桩上，有的长得笔直，有的像鹿角一样分叉。木蹄层孔菌❹是一种木腐菌，直接长在树干的外皮上。过去，它被用于制造可引燃的火棉，在火花迸发时迅速燃起火苗。石器时代的人类会用它来生火。

腐败菌

霉菌是一种常见的腐败菌，它们没有菌盖，但它们的孢子无处不在，能在潮湿且养分充足的土壤中迅速繁殖。白色的丝线，也就是菌丝，联结成网，就构成了霉菌。霉菌产生蓝色、灰色、黑色、红色或绿色的孢子。

➡ 纪录

9.2 平方千米！

这是美国俄勒冈州的马尔霍尔国家森林公园里一只蜜环菌（含在地下蔓延的整个菌丝体）的大小！比1200个足球场加起来还大，其重量相当于3头蓝鲸。

植物的结构

大多数植物都由根、茎、叶和芽组成。芽可以发育成叶子或花。花经过授粉会发育成果实。不过，并不是所有植物都拥有花或者叶。猜一猜，仙人掌上的刺是什么呢？

花

花香阵阵，花蜜甜甜，花朵以此吸引昆虫来传粉。花谢之后会结出带着种子的果实。

通过光合作用，叶片中会生成有机物，这些物质通过叶脉和茎里的导管，运输到植物的其他部位。

成熟的番茄

番茄果实里包裹着种子，有了种子，植物就能繁殖。动物吃掉番茄，随着动物的活动，种子会被排泄在其他地方。如此一来，动物就帮助植物播种了。

茎

茎为花和叶子提供支撑。

供给系统

大多数植物——比如被子植物、针叶树和蕨类植物，都是维管植物，它们的茎里有由木质部和韧皮部共同组成的束状结构——维管束。水和矿物质通过木质部从根系运输到叶片和花朵中，叶片中产生的有机物则通过韧皮部运往植物的其他部位。有机物是植物生长的必需品。

韧皮部

木质部

芽

芽可以发育成叶子或花朵。

根

地面之下，番茄还过着一种隐秘的生活。它的根为植株提供支撑。此外，番茄的根有着细密的分支，便于吸收水分和矿物质。

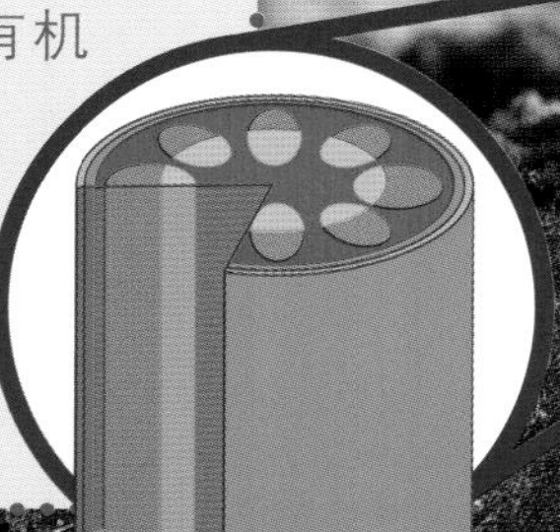

无根萍

最小的植物

无根萍是世界上最小的被子植物之一，直径大约为 1 毫米。你很容易在附近的水域里发现它的身影。

最高的植物

红杉的树干格外坚实，其高度可以超过 100 米！它是世界上最高的植物之一。

植物有什么优势？

植物深深扎根在土壤中，动物则没有被束缚在某一个地方。动物可以到处活动，寻找食物，遇到危险时还能逃跑。这些本事，植物可都没有。动物的身体由许多不同的器官组成，一旦某个器官不能正常运作，动物可能就会一命呜呼。而植物的构造完全不同，它们的身体由许多相同的部分构成，比如叶子，就算一片叶子被甲虫咬了，对整个植物来说也无足轻重——它照样活着。这就是简单的身体结构所带来的好处。

生长，也可以分出枝杈。有些植物的茎相对柔弱，比如南瓜，这些攀缘植物会利用卷须寻找一个支撑点，让自己牢牢抓住支撑点。树则完全不同，它们往往高达数米甚至数十米，它们的茎是木质化的树干，树干粗大结实，可以撑起重达数吨的树冠。

天才般的简单

植物的身体构造就是为"定居"这种生存方式设计的。植物通过根吸收水分和水分中包含的矿物质。此外，根为植物提供了坚实的支撑，也能帮助植物与其他植物进行交流。植物位于地上的部分叫作苗，这里会长出芽，再发育成叶或者花。叶子通过茎与根相连。茎可以笔直

孢子

苔藓❶、藻类❷和蕨类植物❸没有种子，也不开花。它们通过极微小的孢子来繁殖。

卷须

南瓜藤就是南瓜的茎，它比较柔弱，它会利用卷须获取外部的支撑，让叶片朝着太阳伸展，而沉重的果实就只能躺在地上了。

多肉植物

这是一株开花的仙人掌，可是它的茎和叶在哪里呢？实际上，仙人掌适应干燥的环境后，它们的茎就变成了水分储藏器官。茎的外表是绿色的，还可以进行光合作用。叶子则退化成了刺，守卫着仙人掌不被动物啃食，同时还能减少水分流失。

栖息地

草 原

　　草原由平坦或略带起伏的草地构成。草原上的降水比沙漠多。南美洲的潘帕斯草原和北美大草原是典型的草原地貌。北美大草原曾因其规模庞大的野牛群而闻名。

沙 漠

　　沙漠的特点是干旱缺水，白天温度高，昼夜温差大。仙人掌和其他沙漠植物会在根部以及体内储存水分，且往往会借助体表的刺来保护自己。

海洋和沿海地区

　　全球约一半的氧气是由海洋中的藻类提供的。在沿海浅水区，海草床和海藻森林则为许多动物提供了赖以生存的栖息地。在潮间带，红树林中的植物已经适应了海水的潮起潮落。

　　地球上的生物根据栖息地的不同，可以划分为不同的生物群落。由于地理纬度、离海的远近和海拔高度的不同，不同的生物群落有着不同的气候环境。温度、降水量和风决定了某个栖息地生活着哪些植物和动物。生物群落可以分为陆生生物群落和水生生物群落。陆生生物群落包括热带雨林、热带稀树草原、大草原、沙漠、针叶林和温带的落叶林等群落。水生生物群落是指湖泊、池塘、沼泽、河流、溪流、河口、盐沼和红树林等群落。当然，覆盖了地球表面积70%以上的海洋中的生物群落，也属于水生生物群落。某种特定的栖息地可以在几个大洲同时存在，而同一个大洲上也会有不同的栖息地。

热带雨林

　　赤道附近的热带雨林，气候温暖湿润。雷雨和强降雨几乎每天都会光顾这里。热带雨林没有冬天，丰沛的雨水和温暖的气候让热带雨林一年到头都绿意盎然。热带雨林的层次非常丰富，不同的高度生活着许多不同的物种，雨林中的大树可以长到60多米高。

苔原

在亚洲、欧洲和北美洲的最北之地，苔原广袤伸展，其地表之下是永久冻土层。这里主要生长着苔藓、极少数被子植物和灌木。

阔叶林和混交林

每到夏天，大部分温带地区都能看到浓绿的阔叶林和混交林。整个漫长的夏季，这些树木都在为过冬储存营养物质。秋天的树林落叶纷纷，秋风一吹扫走一大片叶子。不过在此之前，树已经把叶片中重要的物质吸收并储存在树干中。秋天也是树叶变得五彩缤纷的季节。

针叶林

在纬度更靠北的地带，生长着的是北方的针叶林，它们能很好地度过寒冷的冬天。这些针叶林也被称为泰加林。较低纬度地区也有与之类似的针叶林，不过都在高海拔的山区。只有少数如落叶松等针叶树，其针叶会在准备过冬时脱落。

热带稀树草原

热带稀树草原是雨林和沙漠之间的过渡地带。这里的平原一望无际，全年气候较为温暖，旱季和雨季交替来临。最著名的热带稀树草原是非洲大草原，这里大片的草地和孤零零散落生长着的树给那些体形较大、成群活动的动物，比如羚羊、斑马、角马、大象、长颈鹿等，提供了充足的食物。

极地地区

冰雪、风暴和长达数月的极夜与极昼，这些严酷的条件使得只有少数植物能在北极或南极生存。有的藻类直接长到冰面上，远远看去把冰雪都染上了颜色。

温带的栖息地

温带地区可以再划分出许多较小的栖息地。有的位于海边，有的靠近江河。高山地带的植物世界与苔原相似。地球上几乎没有什么地方是植物未曾征服的，就连贫瘠的泥炭沼泽里也有植物生长，甚至城市中混凝土和沥青的地面上也有植物存活。

草 地

草地上有草、花，在这里，昆虫喧闹，生灵欢腾。草地要么被定期修剪，要么有畜群定期啃食，这就隔绝了树木在此蔓延扩展。

田 地

田地也能成为植物和动物的栖息地。麦田会吸引刺猬、鸟类、蜘蛛和昆虫。麦秆之间会有其他植物生根发芽，比如虞美人、矢车菊和田旋花。

灌木丛

在田地和草地之间，灌木丛像篱笆一样矗立着，把它们分隔开来。紧密生长在一起的灌木、树木以及草共同构成了灌木丛。灌木丛为许多动物提供了食物和栖息地。

池塘和湖泊

池塘和湖泊的岸边通常长着柳树和桤木，然后是芦苇带，芦苇带内生长着芦苇属、香蒲属和灯芯草属的植物。浮叶植物区生长着各种睡莲，还有水草和藻类。

沼 泽

沼泽指的是湖岸或河岸的湿地，偶尔还会干涸。这种沼泽与泥炭沼泽的不同之处是，这里并不形成泥炭，死亡的植物会转化为腐殖质。

泥炭沼泽

泥炭沼泽的环境非常极端，有时严寒无比，有时炎热如灼。有些地方的泥炭沼泽被深深淹没在水面之下，也有的地方的泥炭沼泽几乎完全干涸。泥炭沼泽里的植物死亡后会形成泥炭。

盐沼

盐沼形成于水流沉积物堆积的海岸或河口。潮汐变化带来了淤泥、土壤，在这些地段生长着各种草和其他盐生植物。这些根深蒂固的植物甚至可以在洪水中生存下来。

森林

很多原始森林早已消失，为具有不同效用的商品林让路。这些商品林大多是云杉或松树这样的针叶树。同时，许多林务员又在他们管理的针叶林中种植了阔叶树，以确保物种多样性。

溪流和河流

在水流湍急、靠近源头的溪流上游，人们只发现了少量植物，比如一些苔藓和地衣。只有当溪流逐渐拓宽为河流，流速放慢时，沉积物才会沉淀下来，让其他植物也可以在此处定居。

山区

树木生长在连绵的群山上，但只能在一定海拔以下生长，这种天然森林垂直分布的上限就叫作树线。在低海拔的地方，阔叶树欣欣向荣，但到了高海拔地区，就只有针叶树还能生存。在海拔 3000 米以上的地方，大概只有一望无垠的高山草甸。而更高的地方，通常只有对环境要求不高的地衣和微生物才能茁壮成长。

城市

一些植物已经占领了城市。这些植物特别顽强，哪怕是墙壁裂缝，甚至是地砖的间隙，或者沥青路面的破损处，它们都能扎根生长。

田旋花

田旋花（又叫野牵牛）非常常见。在路边、田野、碎石堆处等地方都能看到它。这种多年生攀缘植物沿着其他植物或围栏攀爬缠绕。这样一来，它就可以迅速往上爬高，获得赖以生存的阳光。

深入地下

田旋花的根深入地下，可达 2 米深，构成一个密集的节状根系网络。这种植物的生长地通常比较干燥，正是发达的根系让它特别擅长获取水分。新的嫩芽不断从田旋花的根脉上萌发，即使人们把地表的田旋花拔除，残留在土壤中的根脉上也能再长出新的植株。这种繁殖方式被称为无性生殖。此外，田旋花还能通过种子来繁殖，它的种子包藏在小小的、毫不起眼的蒴果里。

烦人的杂草

对于农民来说，田旋花可不受欢迎。它的传播能力很强，一旦在玉米地或稻田里出现，就很容易蔓延开来。深入地下的发达根系让田旋花的防治工作难以见效，在作物收获时也会制造很多麻烦，因此在农业生产中田旋花属于不受欢迎的杂草。

小天气预报员

田旋花一旦感受到即将下雨，就会闭合花朵。

植物小档案

田旋花

科属：旋花科旋花属
栖息地：田野、草地、休耕地、道路边等干燥的地方
分布范围：温带和亚热带地区

逆时针方向缠绕

如果我们从上方观察的话，就会发现田旋花是沿逆时针方向缠绕的。通过它们形似高脚杯的或白或粉或蓝的花朵，人们很容易辨认出田旋花。

一日之花

田旋花一般在 5-10 月间开放。那大大的像漏斗一样的花朵绚丽绽放，吸引着昆虫前来传粉。田旋花的开花时间只持续一天，因此它们通常会挑一个阳光普照的好日子开花。

知识加油站

▶ 杂草，指的是长在经济作物之间、不受欢迎的植物。有时人们也叫它共生植物或经济作物伴生植物——这听起来友善点儿。

▶ 杂草也有用。杂草生长在农作物之间，它们可以保护土壤不受阳光直射和风雨侵蚀。

龙舌兰

花

龙舌兰花

龙舌兰的花序最高可达 12 米。大型的龙舌兰 ❶ 几十年才开一次花。龙舌兰的香味和充沛的花蜜会吸引蜂鸟 ❷，蜂鸟可以帮助龙舌兰传粉。

莲座状叶丛

龙舌兰这个名字听起来很高贵。龙舌兰也是属名，下面包含约 300 个物种。所有物种都是非常强韧的植物，它们甚至能生长在沙漠里和怪石嶙峋的山坡上。

世纪植物

过去，人们认为龙舌兰 100 年才开一次花，因此龙舌兰也被称为世纪植物。现在我们知道，龙舌兰一生只开一次花，根据品种不同，可能需要 4~100 年才会开花。龙舌兰开花结果之后就会枯萎。

采收龙舌兰

采收龙舌兰时，要把叶子剪掉，只留下粗大的球茎，球茎中含有黏稠的龙舌兰汁液，特基拉酒就是用它制成的。

蓝色龙舌兰

最著名的龙舌兰是蓝色龙舌兰，也被称为太匮龙舌兰。来自墨西哥的烈酒——特基拉酒，就是用蓝色龙舌兰的球茎制取的：首先将球茎煮软，以便从淀粉中获得糖分。然后将其压碎榨浆，放入大桶中发酵，这时糖分就转化成酒精。发酵的龙舌兰汁液再通过蒸馏，就得到了酒精度高的特基拉酒。这种酒只在墨西哥的特基拉生产。

剑 麻

剑麻也是龙舌兰属植物，割取剑麻的一部分叶子，从中可以获得长达 2 米的纤维。这些纤维经过洗净、晾干、捶打、梳理，就可以制成绳索、地毯、凉鞋和篮子了。

植物小档案

龙舌兰

科属：天门冬科龙舌兰属

栖息地：热带、亚热带和无霜地区

分布范围：主要为墨西哥、美国中部和南美洲北部，世界各地均有种植

槭 树

植物小档案

槭 树
——————————————
科属: 槭树科槭属
栖息地: 温带、亚热带和热带地区
分布范围: 亚欧大陆、北美洲、非洲北部

枫糖浆

淋上枫糖浆的松饼，在北美地区是广受欢迎的早餐。

在北美大陆上，人们用"印第安的夏天"来称呼深秋时节中一段短暂的温度回暖、干燥爽朗的日子。在中国，也就是所谓的"秋老虎""小阳春"。北美大陆上最常见的一种树就是糖槭树，秋天的糖槭林惊艳无比，随着时间的推移会从翠绿逐渐变换成金黄、橙红直至深棕。

槭树林恢宏壮观，金秋时节，层层树冠从金黄到深红，色彩绚丽，耀眼夺目。全世界有 100 多种槭属植物。在中欧地区，栓皮槭、欧亚槭和挪威槭这三种槭树被认为是本地物种。挪威槭可以长到 30 米高，有些甚至可以活到 200 岁以上。

昂贵的声音

槭树因其木材坚硬而颇受珍爱。槭木被用来制作乐器，如长笛、吉他和小提琴。300 年前的意大利小提琴制造商安东尼奥·斯特拉迪瓦里用槭木和其他材料制作出了举世闻名的小提琴。来自斯特拉迪瓦里工场的小提琴因其动听的乐声受到音乐家们的追捧，原厂出品的小提琴交易价格可达数百万欧元。

甜蜜的槭树

甜蜜的枫糖浆是从原产于美国和加拿大的糖槭树上提取的。采集糖槭树汁液的工人把插管插入树干，收集树干流出的汁液，并进行熬煮加工。一棵糖槭树每年产出 2 ~ 3 千克枫糖浆。当然，糖槭树与其他槭树物种一样，也是木材的重要来源。糖槭树的叶子就是加拿大国旗上的枫叶的原型。

区分槭树

通过槭树的手掌形叶片可以区分其物种。挪威槭❶的叶片有 5 ~ 7 裂，边缘有明显的尖角，且边缘是光滑的。欧亚槭❷的叶子边缘有锯齿。栓皮槭❸的叶子有很深的凹痕。

这三种槭树也可以通过果实来区分。槭树的果实成熟时会从树上掉下来。带着翅膀的种子像螺旋桨一样旋转着，滑向远方。

挪威槭

欧洲中部常见的挪威槭生长在平原、丘陵和低矮的山地上。在森林的边缘和灌木丛中也常见它们的身影。一株独立生长的挪威槭可以长到 30 米高。

金合欢

长颈鹿用灵活的舌头小心翼翼地从树刺之中卷树叶吃。

在热带和亚热带地区生长着大约 1400 种金合欢。有的是灌木，有的是顶着独特树冠的乔木。非洲的金合欢长着细小的羽状叶片，尤其令人印象深刻。羚羊和长颈鹿都喜欢食用金合欢的叶片，它们娴熟地将叶子从尖刺间分离出来。但要小心，金合欢知道如何对付这些敌人！

致命的金合欢

20 世纪 80 年代，南非有数百只库杜羚羊死亡。然而，神秘的死亡事件只发生在那些被圈养在牧场里的库杜羚羊身上。野生的库杜羚羊每次只在一棵金合欢边停留几分钟，然后它们就继续前进寻找新的金合欢，并且总是逆风前行。

被圈养的库杜羚羊，因为牧场的围栏太小，它们不得不花更长时间啃食同一棵金合欢的树叶，之后还不得不转移到下风口的金合欢那里进食。而这恰恰给它们带来了厄运。金合欢树叶被啃食时，会分泌一种带苦味的有毒物质。不仅如此，被啃食的金合欢树叶还会释放一种乙烯气体，这种气体就像拉响了警报一样，使未被啃食的其他叶子也分泌毒素，连邻近的金合欢都能顺着风得到信息，在羚羊来啃食之前就开始分泌毒素。

动物保镖

一些金合欢还会饲养蚂蚁作为"护卫"。金合欢的茎干可以让蚂蚁在其中栖身。金合欢还分泌含糖的树液，并专门长出营养丰富的芽体，给蚂蚁提供食物。作为回报，蚂蚁会攻击金合欢的天敌，甚至把想爬上来的攀缘植物纷纷啃断。

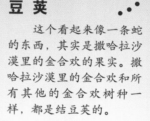

豆荚

这个看起来像一条蛇的东西，其实是撒哈拉沙漠里的金合欢的果实。撒哈拉沙漠里的金合欢和所有其他的金合欢树种一样，都是结豆荚的。

聪明的羚羊

羚羊知道，它们绝对不可以在同一棵金合欢那里吃太久，因为金合欢的叶子一旦被啃食，就会开始分泌毒素。

这种伞状金合欢，树冠呈扁平状向外伸展，是非洲大草原的标志。

植物小档案

金合欢

科属：豆科金合欢属
栖息地：干燥的沙质土壤、大草原
分布范围：热带和亚热带地区

藻类

气 囊

这些气囊给藻类提供了浮力。人们会将冲到岸边的藻类收集起来，处理作肥料。

早在植物征服陆地之前，藻类就已经在海洋中定居。从那时起，只要是有充足的水和阳光的地方，就会有藻类生长。藻类既可以生活在海洋中，又可以生活在淡水中，有些藻类在陆地上的潮湿之处，甚至在冰天雪地里都能长得欣欣向荣。藻类通过孢子繁殖，孢子借助水媒和风媒传播。虽然藻类含有用于光合作用的叶绿素，但并非所有的藻类都是绿色的。有些藻类的叶绿素被其他色素所覆盖，所以看起来呈红色或褐色。藻类分为大型藻类和微藻。微藻指的是显微镜下才能看到的微小的多细胞或单细胞藻类。大型藻类可能只有几毫米大，也可能长到几十米甚至更长。

巨 藻

最大的藻类是巨藻，可以长到 45 米长。在适宜条件下，巨藻一天就可以长半米。沿海水域可以看到的密集水下森林，很大一部分就是由巨藻构成的，也被称为海藻林。这些长长的藻类通过固着器把自己固定在海底。固着器呈圆柱状，周围交错生长着二叉分枝，可以将巨藻固定在地面。固着器上长出柄，柄上生出小叶片。许多海藻都长着充满气体的气囊，好使海藻浮起来，伸向水面和阳光的方向。中国、智利、美国，都建了海藻养殖场，人们在这里养殖巨藻。巨藻通过加工，可以作为动物饲料。

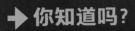

➡ 你知道吗？

哪里有海獭，哪里的海藻林就会长得更好。而哪里的海胆要是失控疯长，海藻林就会被啃吃殆尽。海獭会用石头敲碎海胆，以获取美味的内脏，所以你知道海獭能守护海藻林的秘诀了吧？

绿 藻

绿色表明这里正在进行光合作用呢！绿藻，以及其他的藻类，都能为海水、淡水补充珍贵的氧气，甚至大气中的氧气也有一部分来自它们呢！

海 胆

团藻

团藻的个头不超过1毫米，它是一种绿藻，由多细胞个体组成。团藻的繁殖方式为无性生殖，在自身体内孕育后代。成熟的母体爆裂开来，释放出后代。池塘中经常可以看到团藻。

闭合

裂开

绿色，绿色，绿色，我所有的衣服都是绿色的……

不可思议！

三趾树懒的毛闪闪发绿，原来是毛上长了藻类。藻类和树懒是互利共生关系，树懒饿了可以薅一把藻类来吃，飞蛾的幼虫可以在藻类间生长，而它们的排泄物又正好成了藻类的肥料。

红藻

红藻主要生活在海水中，它们可以非常高效地利用阳光。这种特性让红藻能在较深的水域中顺利生长。

深海丛林

海藻林里生活着许多动物，比如贻贝、蠕虫、螃蟹和螺类，在这里它们能找到食物果腹。各种各样的鱼，以及海豹这样的海洋哺乳动物，也在海藻林中嬉戏，海藻林是海豹宝宝的游乐场，也是海豹躲避海洋掠食者的理想藏身之处。

像热带雨林一样，海藻林也分层，不同的分层是不一样的栖息环境。在水面上，会形成类似树冠层的环境。在海藻林中部，是垂直站立的叶柄和叶片以及叶片之间游荡着的无数鱼儿。像热带雨林的底部一样，海底也缺乏阳光，在海藻林底部，只有少量的阳光能到达，这里生活着海星、螃蟹和海胆。

丰收的海藻

为了保护天然海藻林，人们会开辟专门的海洋牧场 1 来人工栽培海藻。在亚洲，海藻会作为食材走上餐桌，比如海带汤、海草丝 2，以及寿司卷中的海苔也来自海藻。

凤 梨

植物小档案

凤 梨

科属: 凤梨科凤梨属
栖息地: 农场
分布范围: 热带地区

凤梨科的植物特别擅长通过叶片获取水分。很多凤梨科植物都是附生植物,把自己固定在其他树上生长,而被大家所熟知的凤梨(俗称菠萝)是自己扎根于土壤,独立生长的。

据推测,生活在南美洲的原住民可能是最早种植野生凤梨的人。当时,他们对凤梨甜美的果实兴趣一般,却对凤梨那长长的叶子非常重视。因为他们可以从叶子中获得植物纤维,而这正是制作吊床、渔网以及其他东西的好材料。西班牙人登陆美洲后,就把凤梨带回了欧洲。

从观赏植物到水果

一开始,凤梨是作为一种充满异国风情的观赏植物,被小心地养在欧洲贵族的居所里。这种植物必须养在温室里,且温室的温度得全年维持在 25 ℃左右,这样凤梨才能顺利生长。当时,凤梨是财富和实力的象征,谁家有凤梨,那就代表主人实力不俗。只有在大西洋加那利群岛、澳大利亚和夏威夷,能用便宜的价格买到凤梨。而今天,凤梨作为热带地区产出的主要水果之一,在全世界都有销售。

凤梨的种子很硬,且凤梨在生长过程中会把大部分营养都集中在种子上,而种子并不能食用。一般人工种植的凤梨会被限制授粉,这样就不会长出种子。在凤梨的主要产区之一夏威夷,已经禁止进口会为凤梨传粉的蜂鸟。

节水小窍门

大多数植物白天通过气孔从空气中吸收二氧化碳,与此同时也会因为蒸腾作用损失大量水分。凤梨不一样,它只在夜间打开气孔,吸收二氧化碳,并把这种气体以苹果酸的形式储存下来。直到第二天天光大亮,它再把二氧化碳还原出来,借助阳光进行光合作用制造养分,所以白天凤梨可以将气孔一直保持关闭状态。

凤梨的果实

凤梨的果实是由整个花序发育而来的聚花果。它不是一个完整的果实,而是由一个个浆果组成的果实群。人工栽培的大型凤梨果实由 100 ~ 200 个浆果组成,它们以螺旋形式排列,最多可达 12 行。

浆果

知识加油站

▶ 凤梨与香蕉一样,属于全世界交易量特别大的热带水果。

▶ 1900 年左右,凤梨来到了夏威夷。人们开始在这里开辟农场专门栽种凤梨,并将收获的凤梨送到加工厂制成水果罐头。

▶ 如今,欧洲的凤梨大多是来自非洲和中美洲的哥斯达黎加。

苹果

春

春天，苹果树开花了，各种昆虫被吸引而来。它们忙着收集花蜜的同时，也为苹果花传粉。此时，生活在苹果树树洞中的椋鸟正在养育幼鸟。

夏

夏天来了，苹果树的枝叶开始变得茂密，各种各样的动物来到苹果树上安家、嬉戏。小苹果也开始挂在枝头了。

冬

冬天的苹果树光秃秃的。鸟儿们以树上仅剩的果实为食。也正因为这一点，关爱动物的果农在秋季采收时会特意留下一些苹果。

秋

秋天，树上挂满了苹果。熟透的苹果会从枝头掉落，吸引昆虫和鸟类。果农会抓紧时间采摘苹果。落在地上的苹果和被果农留在枝头上的苹果都非常重要，它们是动物过冬时的重要食物来源。

植物小档案

苹果树

科属：蔷薇科苹果属
栖息地：河谷低地、灌木丛和农场
分布范围：几乎全球

在亚洲、北美洲和欧洲，已知的野生苹果有 20 多种。在温带，野生苹果树通常生长在落叶林的边缘，是树篱和灌木丛的一部分。这些酸甜的野苹果是野生动物的美餐。考古发现，至少在 6000 年前，新石器时代的人们就已经开始种植苹果树了。后来罗马人培育出味道更好的苹果，然后这些苹果随着罗马军团穿越阿尔卑斯山。直到 20 世纪，人们才开始大规模种植苹果。目前，世界主要的苹果种植国家包括中国、美国、意大利和土耳其。

嫁接

在人工种植中，苹果、樱桃和梨等果树都不是从播种开始培植的，嫁接繁殖是这些水果的主要培植手段。原因是：如果播下的是苹果种子，那么你永远不知道蜜蜂传粉时是从其他哪个品种的果树上带来的花粉。而通过嫁接，人们就可以得到想要的苹果品种，不会发生不受控制的杂交。此外，果农也不必将多年的时间花在等待一颗种子长成大树上。进行嫁接时，果农会先选定一棵树作为砧木，再把所需品种的细枝嫩芽嫁接到砧木的枝条上❶。将所需嫩枝和砧木枝条切开，切口贴合，然后用类似绷带的东西缠紧压实❷。随着时间的推移，新的枝条就与砧木长到了一起。在中国，这种嫁接方法在西汉时期就已经出现了。

➡ 你知道吗？

以前，人们也会把其他水果简单地统称为苹果。欧洲君主加冕时拿在手中的十字架上的小球，俗称"金苹果"。而这个"金苹果"的原型据说是与苹果毫无关系的石榴。"金苹果"是君主的标志，代表着国王的权力。

砧木 →

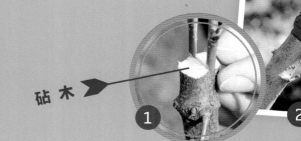

❶ ❷

山羊榄

山羊榄的果实

在布满尖刺的枝条上，山羊榄的果实逐渐成熟❶。被果肉包围的种子❷经过复杂的流程和大量的手工劳动，会被加工成珍贵的摩洛哥坚果油❸。

只在某个特定地区生长的植物，被称为"地方性植物"。山羊榄就是地方性植物，因为它只生长在摩洛哥南部到阿尔及利亚东南部这 8000 平方千米的地区。这种树完美适应了当地的沙漠气候，看起来，它生长所需要的正是这种半干旱的环境。为了汲取水分，它的根系深入地下，最深可达 30 米。目前为止，在其他地区栽种这种树的尝试几乎全部宣告失败。有可能是因为它的种子需要先通过单峰驼和山羊的消化，之后才能发芽。山羊最喜欢山羊榄的果子，甚至会爬到树上去吃。

生命之树

山羊榄看起来是野生的，但事实上每棵树都有主人。主人会把落下的果实收集起来。每个果实通常含有 2 颗种子，有时是 3 颗。这些种子可以榨油，榨出的油可以作为食用油，也能用来制作化妆品和药品。除种子外，山羊榄果实里的果肉可以用作动物饲料，木材还能用来建房子或者当柴火。炎热的天气里，山羊榄能为人或小动物提供阴凉，人工种植的山羊榄林还阻挡着沙漠化的侵袭。难怪山羊榄被当地的柏柏尔部落视为生命之树。

植物小档案

山羊榄

科属: 山榄科山羊榄属
栖息地: 干旱地区
分布范围: 摩洛哥和阿尔及利亚

← 山羊榄的种子

山羊树

这棵山羊榄上"长满了"山羊，仿佛是一棵"山羊树"。当地的山羊娴熟地爬上山羊榄的枝头，大快朵颐。

竹

我们在草地上站立、行走，甚至躺卧。草本植物已经征服了众多栖息地。非洲大草原、海滨沿岸、高山之巅、北极苔原，草的身影无处不在。我们总习惯忽略它们，但有些草本植物，比如竹子，就不容忽视。竹子的生长速度极快——一天长30厘米对竹子来说并非罕见现象。相关专家推算，在热带、亚热带和温带地区生长着多达1500种竹子。在喜马拉雅山区，甚至是海拔3800米的地方也能看到竹子的踪迹。

用途广泛的竹子

竹子的用途非常广泛，在中国，竹子的功能更是被开发得淋漓尽致。手推车、飞机模型、房屋、猪圈、家具、纺织品、乐器、筷子、渔网、提篮、纸张、毛笔和艺术品都可以由竹子制成。竹子本身可以作为燃料，竹笋是食物，竹子的汁液还能用来制作化妆品。现代生活中，竹子依然用途广泛：屋子里铺着竹地板，笔记本和平板电脑被放进竹制的电脑包。

竹子开花之谜

竹子通过根状茎的分裂进行繁殖。根状茎，指的是地底下根状的器官。大多数种类的竹子需要80~130年才开一次花。有时，一个地方的同一种竹子会在同一时间开花，这种现象叫集中开花。开花后竹子就会死亡。对于以竹子为食的大熊猫来说，这可不是什么好事。这么罕见的竹子开花到底是如何发生的，植物之间如何协调同时开花，目前仍是一个未解之谜。

嗯——美味！要是不这么费牙就更好啦！

一头成年大熊猫每天要吃掉约12千克的竹子。大熊猫的肠道中有特殊的细菌来帮助它消化坚硬的竹子。没有这些帮手，大熊猫可就得挨饿了。

植物小档案

竹

- - - - - - - - - - - - - - -

科属： 禾本科竹亚科
栖息地： 多种栖息地
分布范围： 亚洲、北美洲、南美洲、非洲

毛竹可以长到25米高，它的茎可以用来制作家具，还能用来制作盖房子用的脚手架。

➡ 纪录

1米

竹子在24小时内的生长长度超过1米。

香蕉

"香蕉树"其实不是树，而是一种草本植物，从植物学的角度来讲，香蕉树更接近草，植株是丛生状态，有着匍匐茎。随着香蕉植株的生长，一片片新叶依次包裹住老叶，这样就长成了假茎。再过大约半年，花序就发育完成。花序包括一朵巨大的红色雄花和许多淡黄或白色的雌花。授过粉的雌花会孕育出果实。香蕉树一生只开一次花，随后就会枯死。所以人们采收香蕉后会砍倒母株。不过它的根茎已经孕育出了一个新芽——它会继续活下去。

黄色水果

香蕉和苹果都是非常受欢迎的水果。但只有少数人知道，香蕉实际上是一种浆果。不过，那些在全世界范围内广泛供应的香蕉，其实都是改良过的，已经去除了它们作为浆果惯有的种子。所以，香蕉吃起来是非常方便的，这一点令人愉悦。野生香蕉依然有坚硬的种子，并通过种子进行繁殖和传播。

世界贸易

热带和亚热带地区的果农往往把不同品种的香蕉与豆类或可可混合种植。而市场上常见的香蕉则来自大型香蕉种植园。世界上主要的香蕉生产国有中国、印度、巴西、厄瓜多尔等国家。

香蕉为什么是弯的？

香蕉的花序从香蕉树中部长出来。花序包括许多花朵，每朵雌花都会结出果实——也就是我们吃的香蕉。在果实长出的过程中，整个果丛变得越来越重，逐渐下坠。每个果实都是逆着重力的方向向上生长，迎向对生长至关重要的阳光。这就是为什么香蕉都是弯弯的。

➡ 你知道吗？

野生香蕉含有大颗粒的种子。而我们在水果店或超市购买的香蕉，果肉里面是没有种子的。

植物小档案

香蕉

科属：芭蕉科芭蕉属
栖息地：种植园
分布范围：热带和亚热带地区

秘密帮手——乙烯

果农们往往在香蕉还是绿色时就会开始采收，此时香蕉尚未成熟，果肉还很硬，吃起来也不够香甜。果农采收香蕉时会直接用刀把香蕉串从香蕉树上砍下来。采收下来的香蕉串重量可达50千克，经过分割、清洗后，香蕉被装入纸箱中，方便运输。香蕉在全球贸易中经常走海运。到了目的地，香蕉会被运往香蕉催熟厂，用乙烯气体加以处理。之后，香蕉就变成黄色了，而且口感软糯香甜，十分美味。除了人工加工时用到的乙烯，事实上受损的果皮中也会产生乙烯并散发出来，使香蕉表皮产生那种褐黑色的斑点。

香蕉树

每朵雌花都能结出一个小小的果实❶。香蕉此时还是绿的❷，只有当它们变黄时，果肉才会变得甜蜜美味❸。

猴面包树

猴面包树

科属：锦葵科猴面包树属

栖息地：半干旱地区

分布范围：非洲撒哈拉沙漠以南地区、马达加斯加、澳大利亚西北部

花 →

果实 →

狐蝠特供

从树枝上垂下一根根长长的花柄，花柄末端吊挂着一朵朵花。花朵散发出带着腥甜的腐肉气味，吸引狐蝠前来帮忙传粉。

不止猴子喜欢

除了猴子外，大象、狒狒和羚羊也喜欢猴面包树的果实。白色的果肉包裹着富含油脂的种子，果肉含有大量的维生素 C。

为了顺利度过长达数月的旱季，植物们想出了各种各样的办法。有的植物会减少耗水量，进入专门的旱季节水模式；有的植物会提前给自己储备大量的水，非洲的猴面包树就是其中之一。猴面包树那瓶子似的树干让人印象深刻，树干内部结构非常特殊，由多层纤维组成，纤维之间有空隙，像海绵一样可以吸水，一棵猴面包树可以储存几千升的水。不过，这样一来，猴面包树的木材就既不适合当柴火，也不适合成为建筑材料。因其是由可吸水的多层纤维构成，人们也很难加工处理。并且如果把这种木材放在水中，几周内就会溶解。所以，用猴面包树的树干来造一艘船，不是什么好主意。

奇迹之树

在非洲的干旱地区，猴面包树对动物和人都非常重要。动物吃它的叶子、花和果实。人也同样吃猴面包树的果实，还用它的树皮、种子和树叶来治疗疟疾、天花、发热和牙痛。一些当地流传的故事中还有用猴面包树作为材料来驱除恶魔的说法。不少神话和童话里面都提到了这种神奇的树。据说，要是一个村落围着猴面包树建造，那么这个村里传染病和流行病都会减少呢。

大象会用象牙撬下一块猴面包树的树干，放在嘴里咀嚼，这样它就同时得到了水和食物。

慷慨的蓄水池

在撒哈拉沙漠以南地区，高大壮观的猴面包树是大草原地貌的主要标志。此外，人们还把猴面包树当作天然蓄水池使用。

棉花

植物小档案

棉花

科属：锦葵科棉属
栖息地：干旱和半干旱地区、种植园
分布范围：热带和亚热带地区

我们穿着用棉花纺成的牛仔裤和T恤。这种纯棉织物与皮肤接触时的触感是柔软舒适的，而羊毛织物直接接触皮肤一般会让人感到刺痒不舒服。早在几千年前，人们就开始使用棉花，先把棉花加工成棉线，再把棉线织成棉布。在亚洲、美洲、非洲等不同地区，人们想出了不同的办法来把毛茸茸的棉花加工成织物。

棉花与美国内战

19世纪，美国南方成为世界上最大的棉花种植区，不论男女老幼，所有的奴隶都必须在种植园里劳作。最终，南方种植园里的奴隶的反抗导致了美国内战，也就是著名的南北战争，这场内战从1861年持续到了1865年。而当1865年美国官方宣布取消奴隶制时，黑人在棉花田里劳作的艰辛状况却并未有多少改善。

残酷的棉花贸易

欧洲人和美洲的欧洲移民对棉花日益增长的需求，促进了北美洲南部大型棉花种植园的建立。棉花的生产和加工是一种劳动密集型的工作，于是，从17世纪开始，源源不断的非洲奴隶被运往美洲。奴隶贩子在非洲掳掠人民，将他们卖到美洲的奴隶市场。此后的大约350年里，有超过1000万非洲人就这样被带到了美国，其中大部分人不得不在棉花种植园里当奴隶。

作为原材料的棉花

棉花最早的野生形态是一种多年生的高大植物。但为了方便人工种植以及之后的采收工作，人们从野生棉花中培育出一种短茎的一年生棉花。棉花的种子可以用来生产食用油和肥皂。长在种子上的长长的纤维则被加工成纺织品。较短的纤维也能用于生产化妆品，还能用来生产口香糖。

软软的棉絮

这朵黄色的花❶最后长成了棉花果实❷。果实成熟时会裂开，白色的棉絮❸就会满胀出来。

毛絮丰厚的棉籽被风吹散，下雨时就能吸收大量的水。这样，种子就可以在里面发芽了。

➡ 你知道吗？

棉铃象甲对棉花来说是一种可怕的害虫。它会吃掉花蕾和未成熟的棉花果实——棉铃。据估计，棉铃象甲每年对棉区造成的损失可达3亿美元。

垂枝桦

植物小档案

垂枝桦

科属: 桦木科桦木属
栖息地: 休耕地
分布范围: 欧洲、俄罗斯的西西伯利亚、亚洲

种子

这些翅果只有几毫米长，重量极轻。每一条柔荑花序都会发育成几百颗这样的果实。这些翅果在夏末成熟，被风吹散，到了次年春天就会发芽。

花 粉

许多人对桦树的花粉过敏。每当花粉纷飞时，这些人就饱受过敏性鼻炎的困扰。

树 皮

这棵年轻的垂枝桦拥有光滑的白色树皮，但是随着树龄的增长，树皮会逐渐破裂。垂枝桦的树皮中含有一种可以完全反射太阳光的物质，使树皮看起来呈白色。这很可能是垂枝桦自我保护的一种方式，来避免因强烈的阳光照射而引起的树皮自燃。

垂枝桦雌雄同株，这意味着该树同时生有雌花和雄花，雌雄不同的柔荑花序都挂在枝头。垂枝桦的花期是每年的 4 月至 5 月，此时雄性柔荑花序产生花粉，花粉被风带到其他树木的雌性柔荑花序上，于是雌花完成了授粉。种子从这时开始发育，直到 8 月或 9 月完全成熟。小小的果实靠着它薄薄的翅，飞行距离甚至可以超过 1000 米。

石器时代的胶水

垂枝桦的树皮经过加热可以产生桦树沥青，这是一种非常有效的黏合剂。早在石器时代，人们就使用桦树沥青把锋利的石刃黏合固定在木头上，这样就制作出了箭和石刀。一直到中世纪，人们还在应用这种技术。

靠桦树活下去

垂枝桦中还含有丰富的可燃焦油，所以哪怕是新鲜的桦木都可以充当良好的引火木柴。不仅如此，桦树皮的内层，也就是所谓的形成层，还含有大量的抗坏血酸——即维生素 C，以及糖和油脂。人们可以用桦树皮中的糖和油脂来做煎饼或者面包，从而在高海拔荒野地区的冬天里生存下来。

知识加油站

▶ 在德国的部分地区有这样的传统，每年 5 月 1 日，年轻的男性会将一棵小垂枝桦放在爱人的门前。因为垂枝桦是那里的冬天过后第一个开花的树，所以它是爱情、生命和幸福的象征。

梨

植物小档案

梨 树

科属：蔷薇科梨属
栖息地：落叶林、灌木丛、花园、种植园
分布范围：亚洲、非洲北部、欧洲

梨树和苹果树不同，苹果树的树冠通常是球状的，而梨树的树冠是展开的。

野生梨树现在已经比较罕见了，最有可能找到它们的地方，应该是不太茂密的混交林和向阳的野生灌木丛里。如果梨树结出的果实是圆圆的，人们就管它叫白梨。如果梨树结出的果实偏长，是梨形的，那么它就是所谓的洋梨。洋梨的单宁酸含量很高，此外它还含有大量的石细胞，石细胞是木质化的坚硬细胞，所以尝起来口感酸涩发苦。

野生与人工种植

人工栽培的梨子❶，个头大，味道甜。时至今日，真正的野生梨❷已经很少了，野生梨的果实很小，味道也谈不上好。

梨的栽培

人工栽培的梨树结出的果实非常甜美，它们是来自欧洲东南部和亚洲西部的野梨的后代。早在 3000 多年前，中国的人们就开始人工栽培梨树。这些梨子长得非常大，被称为栽培梨。

→ 纪 录
8000个
据估算，全世界范围内大约有8000个梨品种。

洁白的梨花

梨花是纯白的，这与苹果花不同，苹果花通常略带粉红色。梨花通常会散发一种叫作三甲胺的物质，这对人类来说是一种令人不快的鱼腥味。但这种气味可以吸引甲虫和食蚜蝇等传粉者。

精雕细琢

野生梨树木质坚硬，纹理均匀，以前的木雕师傅常常使用这种木材制作饼干模具，或制作压印织物和壁纸的印章。

荨 麻

荨 麻

- -

科属：荨麻科荨麻属
栖息地：森林边缘地带、水岸、荒地
分布范围：北半球温带和亚热带地区

毛毛虫的最爱

荨麻的栖息地就是蝴蝶的天堂。谁家有花园，就应该任由某个角落长上荨麻，荨麻蛱蝶的幼虫——毛毛虫在这里会特别惬意。它们知道怎样正确食用荨麻，还无须担心其他觅食者前来竞争。

如果你在野外接触到了荨麻或者它的近亲，那你可得吃点苦头了，许多园艺爱好者都对这种讨厌的杂草叫苦不迭。但它可以入药，甚至还可以食用。如果你想用荨麻做凉拌菜或榨汁做饮品，那最好去园子里采摘，别去遛狗的草地摘，也不要直接从街边采摘。

要想无痛采摘荨麻，最好戴上手套。

当心，蜇手！

荨麻的茎和叶披挂着锋利的空心刺毛，刺毛的尖端含有蚁酸、丁酸等具有刺激性的酸性物质。一旦刺毛尖端断裂，就会释放这些物质，导致皮肤产生痛痒的感觉。牛和鹿等动物经历一次这种被蜇的痛苦，就不会再啃食荨麻了。而有些蝴蝶幼虫则毫不在意，它们绕着这些蜇人的刺毛进食，或者只吃没有刺毛的叶片边缘。

吃荨麻

这些技巧可以避免在食用荨麻时被蜇痛口腔和嘴唇：
- 将荨麻快速焯水。
- 如果你想生吃，做凉拌荨麻叶，那就用厨房毛巾卷起叶子，在温水中浸泡几分钟，然后把整个毛巾拧干。
- 用擀面杖或玻璃瓶擀压荨麻叶，这样处理后的刺毛就不再尖利了。

无痛采摘

收割荨麻时，最好戴上橡胶手套。不过只要稍加练习，掌握技巧，你也可以徒手采摘荨麻，还不会弄伤自己。如果从下往上摸荨麻，就不会被刺蜇，因为沿着这个方向捋上去的话，刺毛的尖端就不会折断。只有当你逆向触摸时，它们才会断，并带来灼伤般的刺痛感。

过去，人们常用荨麻含有大量长粗纤维的茎皮制作布或者麻绳。

刺 毛

荨麻的刺毛长在茎上以及叶子背面，哪怕只是轻轻一碰，刺毛的尖端就会断裂，里边的液体就像燃烧的鸡尾酒一般被注射到皮肤里。

黑莓

黑莓极力伸展扩张，不知疲倦地蔓延，不断占领更多地盘。在这个过程中，它会长出长长的嫩枝，在风中摇摆。每条嫩枝都长着锋利的倒钩刺，可以钩住邻近的植物。用这样的法子，黑莓就能顺着其他植物攀爬。如此一来，周围的其他灌木慢慢就都被黑莓覆盖了。一条黑莓的嫩枝 1 天可以长 5 厘米。一旦嫩枝接触到地面，它就能立即生根，这样就又开创了一个新的补给来源。黑莓锋利的刺不仅能帮它开拓地盘，还能保护它免受那些饥饿的动物的攻击。

不是浆果

黑莓的果实成熟时呈蓝黑色，这正是它的名字的由来。黑莓听起来像是一种浆果，但是从植物学的角度来看，黑莓其实是一种核果。由于黑莓的果实是由许多单独的小果子构成的一个大的整体，因此也被称为聚合核果。每一个小果实都像樱桃一样，有外皮包裹，内含一个小硬核，在咀嚼时就能感觉到。鸟类吃掉黑莓的果实，然后沿途传播种子。

小林姬鼠

黑莓丛生的地方是许多小动物的理想栖息地。森林中的鸟类和各种小鼠，包括小林姬鼠，都喜欢在其中嬉戏和吃黑莓。

黑色果实

成熟的黑莓果实通常呈蓝黑色。如果果子还是红色的，那说明它还远未成熟，还得晒上几天太阳呢。不过有的栽培品种只结红色的果实。

黑莓的花期是每年的 5 月到 8 月，黑莓开花后通过昆虫完成传粉。

黑莓灌木丛

黑莓是植物中的开路先锋，如果森林中有树被砍倒，黑莓就会马上占领空地。黑莓灌木丛枝叶密集，为鸟儿提供了食物和隐蔽的筑巢地。

植物小档案

黑莓

科属: 蔷薇科悬钩子属

栖息地: 灌木丛、疏林

分布范围: 欧洲、北美洲、非洲北部和西亚的温带地区

凤梨科植物

植物小档案

凤梨科植物

- - - - - - - - - - - - - - - - - - - -

科属: 凤梨科
栖息地: 多种栖息地
分布范围: 中美洲、南美洲、非洲西部

凤梨科植物是个大家族，其成员远超 2000 种，主要分布在中美洲和南美洲的热带和亚热带地区。它们可以在各种栖息地中存活：从沙漠到雨林，从海岸到山区。凤梨科植物的形态多样，有菠萝这种扎根于土壤中的植物，也有生长在树冠、岩石，甚至电线杆上的附生植物。

树上的微型池塘

有些种类的箭毒蛙❶利用高踞凤梨树冠的微型池塘❷养育后代。雌性箭毒蛙把蝌蚪宝宝一只一只地背到凤梨的漏斗里。未受精的蛙卵可作为蝌蚪的食物。

更多光照

凤梨科植物需要大量光照，所以很多品种都生长在雨林的树冠上。不过它们对树木无害，也就是说，它们不是寄生植物。这些凤梨科植物都自给自足：它们进行光合作用，用叶丛形成一个漏斗，来收集自己需要的雨水。这样一来，叶丛里就形成了一个个小池塘，植物残骸、动物排泄物和其他物质也聚集在里面。它们的细根就生长在这些微型池塘中。

高高在上的栖息地

凤梨科植物的微型池塘是众多动物和其他生物最喜欢的栖息地。在这里，细菌分解植物残骸，单细胞生物和蠕虫在其中狂欢，而蚊子幼虫和其他小生物又以它们为食物。箭毒蛙和它们的蝌蚪宝宝幸福地生活在这里。在加勒比海的牙买加岛，甚至有螃蟹妈妈不辞辛苦，爬上微型池塘养育它们的后代，为此它们得先用空蜗牛壳来中和酸性的凤梨池水。鸟类、小型爬行动物和哺乳动物也会造访这些池塘，用它们富含营养的排泄物在此施肥加料。

西班牙苔藓

尽管这种植物叫这个名字，但西班牙苔藓可不是苔藓，而是一种凤梨科植物。它生长在美洲的热带和亚热带地区，大多依附在树上、仙人掌上，甚至是岩石和铁丝网上。

莴氏普亚凤梨

这种植物的花序可高达 8 米，它生活在秘鲁、玻利维亚和智利海拔高度超过 3500 米的高山地带。

33

豆瓣菜

豆瓣菜的生长非常依赖干净的水源。因此，在流水附近更容易找到它们，比如泉水、溪流和河流附近，有时在池塘和湖泊的岸边也能看到它们的身影。豆瓣菜的根苗沿着水底蜿蜒生长，长出空心的茎，带着肉质的叶子从水中伸出来。

不只是维生素

豆瓣菜可以食用，比如清炒、用于制作沙拉等。它吃起来口感和水芹差不多，微带辛辣。

豆瓣菜含有许多营养成分，尤其含有大量的维生素 C。由于它几乎全年都可采收，所以在中世纪缺乏维生素的寒冬腊月里，它是非常重要的蔬菜。早年间，它也被当作药草，用来治疗多种疾病。据说它能激发食欲、净化血液，还能帮助治疗风湿病和糖尿病。

水 培

现在，我们还可以用水培或者温室大棚的方法种植豆瓣菜。水培就不需要土壤了。

叶

豆瓣菜的叶片鲜嫩多汁，这使得它们成为理想的凉拌沙拉食材。不过记住要在它们的花期之前收割哟。

角 果

豆瓣菜可以通过种子繁殖后代，它的种子在角果中日益成熟。不过它也能靠扦插的方式无性生殖。

角果

花

白色的小花簇拥在一起，构成了总状花序。这些小花随后会结出绿色的角果。

豆瓣菜通常生长在凉爽干净的流动水域。

植物小档案

豆瓣菜

科属：十字花科豆瓣菜属
栖息地：溪流、池塘和湖泊
分布范围：几乎全球

欧洲水青冈

欧洲水青冈是欧洲最常见的落叶树。水青冈也叫山毛榉。18世纪以来，欧洲人一直在种植紫叶欧洲水青冈，它是欧洲水青冈的一个变种。紫叶欧洲水青冈拥有醒目的紫红色树叶，这种颜色来自叶片中的色素，即花青素，花青素覆盖了叶绿素。

树与书

在欧洲，不论字母还是书籍，都跟水青冈大有渊源。相传，欧洲活字印刷术的发明者约翰内斯·谷登堡当初就是在水青冈木上雕刻了字母。当然事实并非如此，他是用金属合金铸造的活字。而水青冈和字母之间的联系可比这早得多。古日耳曼人就是在水青冈的树枝上刻下了他们民族最古老的文字。现在许多孩子都是在水青冈制的用具上学习识字和书写，因为这种木材非常坚固，常用来制作家具和学校桌椅。

紫叶欧洲水青冈的叶子是椭圆形的，叶缘有锯齿。

植物小档案

欧洲水青冈

科属：壳斗科水青冈属
栖息地：落叶林
分布范围：欧洲

紫叶欧洲水青冈

紫叶欧洲水青冈也是一种欧洲水青冈，只是它们缺少了一种酶，不能分解掉叶片最外层的花青素，导致叶片呈现出紫红色。

水青冈坚果

这种椭圆形果实是水青冈坚果。每个果实内含有两粒种子，对于鸟类和啮齿动物来说，这就是冬季的口粮。然而对于人类来说，生的水青冈坚果略有毒性。

野猪是杂食动物。秋天，它们的菜单上也会出现水青冈坚果。

欧洲水青冈

欧洲水青冈主宰着当地落叶林的景观。它的树龄可达300岁。在原生的森林中，倒掉的树干还能为其他生物提供新的栖息地。一棵水青冈被完全转化利用，需要数十年之久。

植物小档案

五彩苏

科属: 唇形科鞘蕊花属
栖息地: 河岸、森林和田野
分布范围: 东南亚、非洲的热带地区

> 我最好还是别啃这玩意儿!

五彩苏

五彩苏拥有植物王国最缤纷多彩的叶子。由于它容易照料和繁殖，因此成为室内和花园里广受喜爱的观赏植物。

五彩苏也会开花，只是它的花朵与鲜艳灿烂的叶子相比逊色多了。五彩苏的花朵很小，而且很不起眼，闻起来也不是很香。园艺师会在花期到来前就把它的花序去除，这样便可让人欣赏它的叶子。

五彩苏和家养宠物

尽管五彩苏美丽宜人，但它们仍然会带来麻烦。有些人对五彩苏分泌的香精油过敏，仅仅是接触就会引起皮肤红肿和瘙痒。当然，人们也不食用五彩苏，因为它们对人类有轻微的毒性。一旦中毒，人就会出现恶心和呕吐的症状。那如果是个头较小的宠物，又会怎样呢？金丝雀、虎皮鹦鹉等观赏鸟雀和其他室内放飞的宠物鸟会误以为五彩苏叶子是美食，因而会不时啃食，严重时可能会导致它们死亡。类似的情况也会发生在啮齿动物身上，比如豚鼠、仓鼠。至于五彩苏对猫狗是否有危险，人们众说纷纭。所以最好把这些植物放在猫狗接触不到的地方，比如放到另一个房间里，或者干脆完全放弃养这种观赏植物。

当心，有毒!

五彩苏和宠物不应该同居一室，尤其鸟类和啮齿动物，它们会因中毒而产生严重后果。因此，如果宠物鸟在家中放养，家里就不应该出现五彩苏。

五彩苏也可以种到花园里或者阳台上。它的种子是需光种子，因此不能用泥土覆盖它们。

➜ 你知道吗?

五彩苏的叶子色彩斑斓，但这并不意味着它们不含叶绿素。叶绿素只是被其他色素所覆盖了。因此，我们应该把五彩苏放在光线特别明亮的地方，让它们得到充足的光照——这样叶子的颜色也会更加鲜艳。

丛林银莲花

丛林银莲花在春天发芽，每株银莲花开出一朵花来，吸引昆虫前来传粉。花朵通常在夜间闭合，赶上阴天，它们白天也会闭合。花朵的张开和关闭是通过花瓣的生长来控制的，当花瓣根部外侧下部的生长速度比上部快时，花就会闭合。这种生长方式使得花朵在开花期间长得越来越长。花谢结果，它的果实由单个小果实集合而成，成熟后会落到地上。小果实上还连着一个营养丰富的果柄，招引蚂蚁来吃。蚂蚁把小果实运走，促进了种子的传播。

今天打烊了！

在夜晚或是天气寒冷的白天，丛林银莲花的花朵会闭合。

地下生活

丛林银莲花有一个长达 30 厘米的储存和生存器官，即所谓的根状茎。它的根状茎在地下生长，长出新的茎芽，茎芽再长成花芽。通过这种方式，丛林银莲花也可以进行无性生殖，也就是说它无须授粉，也不靠结种子，就能越长越多。丛林银莲花可以开成一片名副其实的"花毯"，有时，一百多个花枝同属于一个母株。所有的芽和花枝在基因上完全一致，可以说它们只是一株植物的克隆体。种子成熟并完成播撒后，地上的植株所含的营养物质被优先储存在根状茎中。这样，丛林银莲花就能熬过寒冬，直到第二年春回大地。

花 瓣

纯白的花瓣

在花瓣内部，细胞边界以及充填空气的细胞间隙可以把可见光完全反射，所以它的花瓣看起来是纯白色的。

雄蕊

种子

完成授粉的花结出由单个小果实组成的集合果实。

➡ 你知道吗？

丛叶银莲花全株有毒。它们含有一种所有毛茛科植物共有的毒素。接触该植物的汁液会导致人的皮肤红肿，甚至会起泡。

春的使者

丛林银莲花喜欢潮湿的地方，经常成群地生长。它的花期是 3 月至 5 月。

植物小档案

丛林银莲花

科属：毛茛科欧银莲属

栖息地：落叶林、针叶林、山地草甸、灌木丛

分布范围：亚洲和欧洲的温带地区

腰果

植物小档案

腰果

科属：漆树科腰果属
栖息地：热带雨林、大草原、种植园
分布范围：亚洲、非洲、南美洲

腰果树的果实是悬挂在腰果苹果下面弯曲的肾形腰果。

腰果树可高达 10 米，是一种常绿小乔木或灌木。它的枝头挂着一种叫作"腰果苹果"的果实，其实那只是膨胀的花托所形成的假果。腰果苹果中含有大量的维生素 C，可以用来制作果汁和果酱。腰果苹果下端挂着的才是它真正的果实，里边包裹着腰果仁。

当心，有毒！

腰果果实的壳含有一种有毒的油，可以腐蚀皮肤黏膜，对皮肤有强烈的刺激性。不过，我们可以通过加热来祛除这种毒素。因此，收获的果实要用高温蒸汽处理，或者在火上烘烤。同时，处理过后的外壳也更容易剥开。果壳内的油脂可以制药，还可以用作木材防腐剂，比如用于船只，它甚至被用来作为汽车刹车片的原材料。

腰果树原产于巴西，但在肯尼亚、坦桑尼亚、莫桑比克和印度也有种植。这种树甚至在撒哈拉沙漠以南的干旱地区也能茁壮成长。

腰果树

它的树干中含有一种具有弹性的、类似橡胶的树脂。渔民们用这种树脂密封船体缝隙，避免船只渗水。兰花蜂收集这种树脂建造巢穴。

腰果仁

我们可以买到生的腰果仁，也可以买到焗烤后加盐、焦糖或者香料调味的腰果仁。不过，即使包装袋上写着"生果仁"，那也是经过高温蒸汽处理过的，目的是祛除毒素。

➡ 纪录
8500 平方米
世界上最大的腰果树的树冠面积超过了8500平方米。

看这棵生长在巴西帕纳米林的腰果树，它的树枝不是向上生长的，而是向四周伸展开来的。只要枝条接触到土壤，它就会落地生根，枝条作为新的树干长起来，再长出自己的树枝。

卡宴辣椒

产量之冠

美国辣椒总产量的三分之一都来自新墨西哥州。

卡罗来纳州死神辣椒

这一品种的辣椒果实已经辣到具有危险性了。2013年以平均辣度1569300个史高维尔单位被收入吉尼斯世界纪录。

知识加油站

▶ 用水洗不掉辣椒素，所以切辣椒时最好戴上手套。

▶ 要是吃了个超辣无比的辣椒，喝水是没用的，并不能缓解辣味。喝牛奶或者酸奶更有效果，因为辣椒素更容易溶解于油脂。嚼一会儿面包也能缓解。

卡宴辣椒粉又被叫作卡宴胡椒粉，其实它跟胡椒毫无关系，它是从卡宴辣椒的果实中提取的。中美洲的古阿兹特克人很早就知道这种辣椒果实具有治疗作用。

辣椒原产于中美洲、南美洲和加勒比群岛，西班牙人将这种辛辣的植物带到了欧洲。今天，许多热带和亚热带国家都种植辣椒，其中，印度是最大的辣椒生产国之一。

辣的物质

让辣椒如此辛辣的原因是一种叫作辣椒素的物质。以前人们用史高维尔测试来测定辣度，把一单位的辣椒素用糖浆或者水逐步稀释，直到受试人员完全尝不出来辣味。如果无须任何稀释都尝不出来辣味，这种程度就是0史高维尔单位，甜椒的辣度就是如此。如果需要1600万毫升的水来稀释，也就是16000升水，那这种辣度就是1600万个史高维尔单位——这也就是纯辣椒素的辣度。卡宴辣椒的平均辣度可以达到约150万个史高维尔单位，最高时甚至达到了220万个史高维尔单位，这已经是不可承受之辣了！

又美又辣

卡宴辣椒作为一种观赏植物也很受喜爱。它可以结出红色、紫色、黄色、甚至是黑色和白色的辣椒。

植物小档案

卡宴辣椒

- - - - - - - - - - - - - - - -

科属：茄科辣椒属
栖息地：种植园
分布范围：热带地区

金鸡纳树

金鸡纳树原产于南美洲的安第斯山脉、玻利维亚和秘鲁等地区。这个名字来源于"quina"，即秘鲁古语中的"树皮"。因此，金鸡纳树的本意是树皮树。金鸡纳属共包含 23 个物种，目前几乎在所有热带地区都有种植。爪哇岛、印度和非洲中部都是它们主要的产地。

富有疗效的树皮

金鸡纳树的树干、树枝和树根的外皮均可药用，但只有在树龄 10 岁左右时才宜取用。取皮时不需要砍掉树，人们用棍子敲打某块树皮，把树皮敲松，然后再用刀剥下来，之后用苔藓包裹切面，树皮就可以继续生长。人们通过这种方式就可以多次采割树皮。树皮中含有奎宁，早在 19 世纪 20 年代中期，一家工厂就从树皮中提取出了奎宁。金鸡纳树皮中含有奎宁、奎尼丁等约 30 种药用物质，此外还含有单宁和苦味物质。奎宁能治疗疟疾——这是热带地区一种通过蚊虫叮咬传染的疾病；而且它还能退热镇痛。奎尼丁则可用于制造治疗心脏疾病的药物。

奎宁与历史

19 世纪中期，人们就能买到粉末状的奎宁。有了这个，欧洲人才能在疟疾肆虐的地区长期生活。他们在亚洲和非洲建立殖民地，开采当地的矿石和植物等原材料。

红皮金鸡纳树

红皮金鸡纳树是一种高达 20 米的常青树。树干上覆盖着红褐色的开裂的树皮，这种树皮可以药用。

花 序

这些花朵结出小小的种子，种子带有翅膜。

只是树皮？

被碾碎的金鸡纳树皮看起来平平无奇，毫不起眼，但它拯救过许多生命。

蚊 子

疟 疾

在热带地区旅行时，你必须要特别注意预防疟疾。这种疾病的病原体小到用显微镜才能看到，通过雌性蚊子的叮咬进行传播。

苦柠味苏打水

一开始，人们把磨成粉的金鸡纳树皮投入水中搅拌饮用，用来治疗疟疾。后来，为了改善这种药水的苦味，人们又加入了柠檬，于是"苦柠"饮料应运而生。

海枣

← 海枣

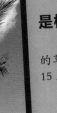

是棕榈，不是树！

海枣树不是树，是木质化的草本植物，但它们却能长到15米高，寿命长达200年。

海枣，或者更确切地说，海枣树，是一种重要的经济作物，它们生长在非洲北部的绿洲及亚洲西南部的干旱地区。在那里，海枣的重要性类似于我们生活中的粮食谷物。海枣可以作为新鲜水果直接食用，或者制成干果食用；它的种子可以用来榨取食用油；叶子用于制作编织品，还可用作房顶材料；树干可以作为建筑木材。

海枣园

海枣对土壤环境的要求不高，即使在贫瘠的土壤中也能生长。不过它需要大量的阳光和充足的水分。它们生长在有地下水的沙漠和绿洲中，在那里它们的深层根系可以接触到地下水。由于海枣树雌雄异株，也就是既有雌树也有雄树，所以不能只栽种能结果的雌海枣树，还必须同时种植雄树。一片绿洲中，每百株雌树往往只需两到三株雄树就够了。在自然界中，风和昆虫为雌花传粉。在海枣园里，工人们会来帮忙进行人工传粉，比如使用棉球传粉。

花

风、昆虫或者海枣种植园的工人为这些雌花传粉，不久后它们将结出成百上千颗海枣。

顽强的生命

海枣树是沙漠植物，它们的种子生命力顽强，沉睡多年依旧保持发芽能力，这对它们来说可是至关重要的本事，毕竟种子只有等到一场罕有的降雨才能获得足够的水分来发芽。20世纪60年代，考古学家在以色列发掘出一些古老的海枣树种子，这些种子首先被列入考古藏品，它们在博物馆里静静地躺了40年。后来，一位女科学家将其中的3颗种子埋入土壤，耐心等待。8个月后，其中一颗种子萌发出了第一抹嫩绿——它发芽了。

难以置信！

海枣树的一颗种子在死海附近干燥的沙漠土壤中沉睡了2000年，又成长为一棵海枣树。

种子 →

索科龙血树

索科龙血树只生长于非洲之角以东的索科特拉岛。这里虽然位于索马里的东边，但在行政区划上属于也门。龙血树属的其他物种则广泛分布于热带和亚热带地区。

餐风饮雾

这种常绿植物已经适应了索科特拉岛的干旱气候。它的树冠形状像巨大的蘑菇，可以从岛上常见的雾气中汲取水分。雾气在叶子上凝成水滴，水滴沿着树枝流向树干，最终汇聚到根部。

"龙之血"

索科特拉岛的居民用龙血树的树脂来治疗胃病，给羊毛染色，还用来装饰瓷器和房屋。龙血树脂还可以当胶水用。干燥的龙血树脂粉末在索科特拉岛和阿拉伯半岛上也被当作药物，用来处理开放性伤口。

雾中的索科龙血树

这里常常起雾，索科龙血树就用它尖如剑的叶子从雾气中梳滤出宝贵的水分。

血 竭

龙血树可以分泌深红色的树脂，即血竭。这是一种天然树脂，人们把它磨成粉末。

索科特拉岛的居民爬到树上，将管子插入树干以收集红色的树脂。

树枝

树枝分叉，把水滴向下导流。

雾中巨伞

舒展茂密的树冠为树的根部提供了阴凉。

植物小档案

索科龙血树

科属：天门冬科龙血树属
栖息地：石灰岩土壤
分布范围：索科特拉岛

榴 梿

榴梿果实

榴梿的果实可重达 4 千克，人们也称它为"水果皇后"。

榴梿树是高大的常青树，可以长到 40 米高。它的树枝几乎水平伸展。这种树最早生长于东南亚的热带雨林。在传统医学中，榴梿树的所有部分，无论叶、果实、树皮，还是树根，都可以药用，比如用于退热。它的树干是硬木，适合制作家具。不过最重要的还是它的果实，榴梿树以此闻名遐迩。

嘴巴上天堂，鼻子下地狱

黄油、香草布丁、杏仁、新鲜奶酪、洋葱酱……当美食家和水果爱好者试图描述榴梿的非凡味道时，他们会用上这样的词汇。不过，不是所有人都喜欢榴梿，毕竟它也是一种"臭名远扬"的水果，闻起来有股臭鸡蛋和腐败奶酪的气味。还有人说，这种气味让他们想起下水道或穿过的臭袜子。在这种水果的原产地——东南亚，有的国家禁止携带榴梿进入公共建筑和酒店，或不得在以上场所食用这种气味不好闻的水果。

成熟的榴梿

在东南亚，比如上图这个泰国的市场里，榴梿卖得很贵。买的人要好好挑选，熟过头的话，榴梿可是很臭的！

榴梿树

榴梿树的样子有点像圣诞树。在泰国传统医学中，榴梿树的树皮、根和叶可以用作退热药。

榴梿果肉富含矿物质和维生素，然而，它的气味可能让有些人无法忍受哟！

植物小档案

榴 梿

科属： 锦葵科榴梿属
栖息地： 热带雨林、种植园
分布范围： 东南亚、非洲东部

知识加油站

▶ 如果人们吃了过熟的榴梿果肉，可能会中毒，尤其是同时又饮酒的话，会更严重。不过它依然被许多美食家视为美味。

▶ 榴梿果实也被称为臭果、呕吐果或奶酪果。

▶ 在亚洲的部分地区，它是最昂贵也最受欢迎的水果之一。

植物小档案

北欧花楸

科属：蔷薇科花楸属
栖息地：荒地、灌木丛、森林边缘
分布范围：亚欧大陆北部

花楸果

这种红色的浆果其实是假果，里边包含着种子。

冬天的口粮

冬天，这种浆果是小型啮齿动物和鸟类的口粮。

北欧花楸

北欧花楸长着羽状的叶片和鲜红耀眼的浆果，非常容易识别。它的浆果深受鸟类喜爱，也正是这些鸟儿吃下浆果又排泄出来，从而帮助它四处传播种子。

有谣言说这种果子有剧毒，事实上，北欧花楸的浆果生吃时只对人类有轻微毒性。由于果子煮熟后略带甜味，现在人们已经培育出了可食用品种。花楸果酱可以配野味来吃，食用方式与蔓越莓酱差不多。花楸树的木材坚硬耐用，曾用于制作马车车轮、木雕及家具。

美丽的冬日红果

北欧花楸是一种优良的观叶、观花、观果型园林树种。8月下旬到9月，北欧花楸会结出橘红色的浆果，丰硕的果实悬垂在小枝上，叶子落了果实也依然在，整个冬季至翌年3月都留于枝头，与白雪互映，鲜红亮丽，为冬日增添光彩，还为小动物提供口粮。山梨糖醇最早是从北欧花楸中提取出来的，可用作甜味剂，常用于制造无糖口香糖。

叶

这是北欧花楸极具特色的羽状复叶。

花

北欧花楸在5月至6月开花。

北欧花楸的种植要求不高，既能作为先锋植物，在荒地上开疆拓土，也可以种植在公园里。

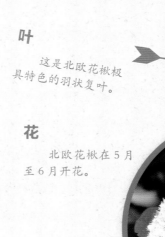

高山火绒草

花序

我们看到的白色的"花朵"，实际上是它的伪花。真正的花在那淡黄色的花序里。

阿尔卑斯山脉的火绒草是受保护物种，不得采摘或挖掘。

植物小档案

高山火绒草

- - - - - - - - - - - - - - - - - -

科属： 菊科火绒草属
栖息地： 高山
分布范围： 亚洲、欧洲

火绒草属包括几十个物种，分布在亚欧大陆。它主要分布在喜马拉雅山和阿尔泰山这样的亚洲山脉，还有阿尔卑斯山脉、喀尔巴阡山脉、比利牛斯山脉及其他欧洲山脉上。火绒草的地上部分主要呈白色，覆有毡状柔毛。5～15片白色叶片共同组成它极具特色的星形外观，这就是人们眼中它的花朵了。然而，事实上，在"花朵"中心有多达12个头状花序，每个花序由多达80朵淡黄色的花组成。外缘的小花细长，是雌花；靠中心位置的较大一点儿的花是雄花。授粉完成后，雌花会结出带有突起的种子。

防晒

高山火绒草通常生活在海拔高度1800米至3000米之间的高山。在这里，它不得不暴露在强烈的紫外线下，于是高山火绒草形成了一种特殊物质来保护自己免受阳光的伤害。此外，它全身覆盖的羊毛毡状的纤维也可充当紫外线过滤器，只有可见光能通过这些厚柔毛，有害的紫外线无法通过。这种柔毛还能防寒抗旱：通过气孔释放的水蒸气被这些柔毛锁住。所以毛毡就像叶子的保护层。

神奇之花

高山火绒草含有一些特殊物质，这些物质能够杀菌消炎。其中有一种火绒草酸，迄今为止只在火绒草中发现过。人们寄希望于这些特殊成分，希望它们能对抗皮肤衰老。火绒草提取物甚至已经添加到啤酒、面包和茶中了。

来自亚洲

这种薄雪火绒草的故乡是中国、韩国和日本。

生存大师

高山火绒草能承受最恶劣的环境条件。寒冷的冬天、强烈的紫外线辐射、干旱和冰雪丝毫不能影响它。

救援

巴伐利亚山地救援队以火绒草和红十字作为自己的标志。

红豆杉

这是位于爱尔兰的一条红豆杉大道。每棵树上都拥有多条树干，彼此交错连生。

种子

受精的雌球花并不结球果，它结的种子有毒，包裹在假种皮中。

红豆杉属包括大约 10 个物种，生长在北半球的温带至热带地区。只有一个树种原产于欧洲，即欧洲红豆杉。

欧洲红豆杉是一种独特的树木，它可不是只有一根树干，而是好几根。这些树干随着时间的推移连生在一起。红豆杉是一种针叶树，针叶树通常结的都是球果，然而，红豆杉却是唯一不结球果的针叶树，它结出与众不同的种子，这些种子被红色的杯状假种皮所包围。

有用的树

红豆杉在欧洲一度广为分布，但在大约 2000 年前，它们逐渐被水青冈取代。越来越多的人使用红豆杉的木材，这也造成了红豆杉的急剧减少。红豆杉的木材坚硬而富有弹性，石器时代的人们用它来制作打猎和采集用的工具。那具著名的 5000 多年前的冰川木乃伊——"冰人奥兹"就随身携带了红豆杉木制成的弓和斧头。

雌球花

雄球花

红豆杉是雌雄同株。雌球花分泌受粉滴，悬于下方，雄球花的花粉会粘在受粉滴上，进行授粉。

罕见的树

过去非常常见的红豆杉，今天已经变得十分罕见，能见到的往往是小树苗或者单棵树。红豆杉可以长到 10 米之高，有时甚至能达到 18 米。

栎 树

栎树是坚毅、力量和骄傲的象征。栎树又名橡树。全世界大概有 400 种栎属植物。在欧洲，夏栎和无梗花栎很受欢迎。夏栎的每颗果实都有自己的果柄，而无梗花栎的果实像葡萄一样成串生长。

珍贵的栎木

除了极北地区外，夏栎在整个欧洲都有分布。它的木材坚固、耐腐蚀，易于加工。而无梗花栎的树干更高大，而且笔直，所以特别适合用作木材。各个品种的栎木都是良好的家具木材，同样也用于制作葡萄酒桶和威士忌酒桶。由于它在水下也极其耐用，所以用它制作桥墩和船也非常合适。

栎树和雷雨

"栎树要远离，（山毛）榉树要快去！"德国民间流传着这样一个古老的顺口溜，它告诉人们遇到雷雨时躲在什么树下是安全的。不幸的是，这个顺口溜是错误的，无论哪种树木，被雷电击中的概率都相同。因此，在雷雨天气，要尽可能远离树木！

植物小档案

栎 树

科属：壳斗科栎属

栖息地：森林

分布范围：亚欧大陆、北美洲、中美洲、哥伦比亚、非洲北部

栎树

新生幼苗

松鼠和松鸦等小动物为栎树的繁衍做出了贡献。它们把栎树果实当作冬天的储备粮，埋藏到地下。而被它们忘记吃的栎树果实到了来年春天就开始发芽，长出幼苗。

幼 苗

夏栎的寿命是 700 ～ 800 年。围绕着这种树有许多故事和传说。

天然软木

栓皮栎原产于地中海西部地区，目前主要在西班牙和葡萄牙种植。树龄达 20 岁时，可以进行第一次剥皮，然后每隔 9 ～ 12 年可以再剥一次。它的树皮是栓皮，可以制作软木。软木既可以用于制作酒瓶软木塞，也可以用作隔热材料。

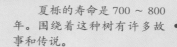

这是典型的夏栎的果实❶，它们长在一根长达 10 厘米的茎上，每根茎上最多能结 3 个果实。而无梗花栎❷则是在非常短的茎上，像葡萄串一般结着好几个果实，果串紧挨着树枝。

木本曼陀罗

木本曼陀罗又称作"天使号角"，这种植物原产于南美洲。不过，由于它的喇叭状花朵美得如梦似幻，所以现在世界各地的温室和花园都有引进栽培。木本曼陀罗能长到 2 ~ 5 米高。它们的花朵大多芳香甜美，最长可达 30 厘米。花朵是如此之大，如此之重，以致向下垂挂。

魔鬼之花

古时候，南美洲和中美洲的人们将木本曼陀罗用作麻醉剂。该植物的所有部分都含有强劲的毒素，可以致幻，也就是引起人们错误的感官知觉。受到这些成分影响的人往往无法区分幻想和现实，有些人认为自己能飞，一不小心就将自己置身于危险之中。对于敏感的人，只闻到木本曼陀罗的香味就能引发不安和做噩梦。

花

硕大的喇叭状花朵赋予了它"天使号角"之名。

植物小档案

木本曼陀罗

- -

科属：茄科木曼陀罗属

栖息地：热带森林、花园

分布范围：美洲大陆热带地区

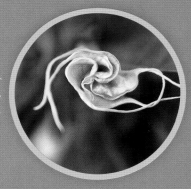

黄昏开花

黄昏时分，木本曼陀罗张开了它的花朵，直到第二天白天，花朵才慢慢闭合。

不要冻伤！

如今，木本曼陀罗总是种在花盆中，装饰人们的花园。不过它要求气温不低于8℃，所以过冬时要把它搬到室内。

果实

根据具体物种不同，曼陀罗属植物的果实各有不同。最多可包含300颗种子。

克氏龙胆

全世界有 300 ~ 400 种龙胆属的植物，它们喜欢生长在北半球温带的高山地区，其中包括原产于阿尔卑斯山脉的克氏龙胆。不过在其他山脉也能看到它的身影，比如法国和西班牙之间的比利牛斯山脉和西班牙南部的内华达山脉。深蓝色的龙胆花和洁白的雪绒花，是阿尔卑斯山脉的代表花卉。克氏龙胆的花萼长在极短的茎上，并且由于它喜欢生长在石灰质土壤中，所以它也被称为无茎石灰龙胆或石灰吊钟龙胆。

烈酒和药

在一些酒或药品的成分表上，人们总能看到克氏龙胆的名字。然而这些产品中完全不含克氏龙胆，事实上那里含有的大多是深黄花龙胆根的提取物。干燥后的深黄花龙胆根可药用，还能用来生产刺激胃口的健胃苦味药酒和烈酒。与克氏龙胆一样，野外生长的深黄花龙胆也受到保护，所以人们会特意栽培深黄花龙胆用于加工使用。

蓝色的克氏龙胆和阿尔卑斯旱獭是欧洲阿尔卑斯山脉的代表物。

龙 胆

克氏龙胆①生长在海拔 2800 米的高山。深黄花龙胆②广泛分布于欧洲中部和南部的山区，当然在阿尔卑斯山脉也有分布，它可以长到 1.5 米高。与深黄花龙胆一样，斑点龙胆③也可用于生产烈酒。

植物小档案

克氏龙胆

- - - - - - - - - - - - - -

科属：龙胆科龙胆属
栖息地：山地
分布范围：欧洲

蓝色花冠

蓝色花瓣的底部连为一个整体，末端尖如锥子。

桉树

鲜艳如画

剥桉也叫彩虹桉，它缤纷多彩的树皮给人留下了深刻的印象。它的树皮几乎每年都会开裂，枯死的树皮一缕一缕地挂在树干上，裸露出的新树皮根据树龄呈现出不同的颜色。

大快朵颐

无尾熊——考拉，还有其他澳大利亚有袋目动物，都更喜欢吃桉树的老叶子，因为老叶子含有的毒素比嫩枝嫩叶少。

啥也没有桉树叶好吃！

急需火烧

木质的果实在燃烧产生的高温下爆裂，释放出里面的种子。

实在是高！

王桉，被认为是世界上最高的桉树之一。1872年人们砍伐了一棵王桉，据说它有132米高。目前已知最高的还在生长的王桉是塔斯马尼亚岛的"百夫长"，它差不多有100米高。

数百万年以来，澳大利亚的大部分地区一直被山火反复蹂躏。许多植物已经很好地适应了破坏性的森林大火，有些植物甚至需要火来繁衍和传播。桉树就是需要火的一种植物，即所谓的喜火植物。它是一种能快速生长的常青树木。

热爱火焰

桉树含有大量的可燃性精油，一个小小的火花就足以点燃落在地上的桉树叶。但是巨大的树木则不会受到大火的侵袭，它的树冠高高擎起，较小的丛林大火基本上都鞭长莫及。哪怕大火燃烧了树干，桉树仍能继续生长——就算发生了更大的森林大火，连树冠都被烧毁，也不妨碍桉树的繁衍。火的热量会刺激树木形成新芽，还能烧裂种子令其发芽。它的幼苗还可在被烧过的森林灰烬中获取丰富的营养物质。

可以说，对于桉树和其他喜火植物而言，一场短暂的大火并非天降灾祸，而是天赐良机。

木材和糖果

桉树生长迅速，木质优良，因此在欧洲南部、非洲南部、中国和巴西广为种植。它的叶子和树枝可以用来提取桉树油，桉树油又可以被加工成治疗咳嗽、改善声音嘶哑以及缓解感冒症状的草药或糖果。桉树油甚至对某些类型的细菌有一定的抑制作用。

植物小档案

桉 树

- -

科属： 桃金娘科桉属
栖息地： 夏季降雨的温暖地区
分布范围： 澳大利亚、印度尼西亚、中国

蕨类植物

在3亿多年前的石炭纪，蕨类植物占据了我们星球的大部分地区。巨大的桫椤类、马尾类和同样属于蕨类植物的石松类，共同组成了当时茂密的森林。即使在今天，全世界也依然存在着约12000个蕨类物种。

潮湿的阴影

蕨类植物喜欢生长在潮湿的地方，例如森林里。而且它们还喜欢沿着溪流生长。严格来说，那些长着显眼的叶子的蕨类才是所谓的真蕨类。蕨类植物有根，这一点跟苔藓可不一样。而且蕨类的茎含有一束束导管，用于输送水和营养物质，这使它们能生长到其他植物的上方获得阳光的照射，它们木质的茎为此提供了稳定性。

真蕨类植物有大的叶子，或多或少都有分裂。这种叶子也被称为羽状叶。

欧洲蕨

欧洲蕨与大多数蕨类植物一样，叶子背面长着孢子囊。因为蕨类植物没有花，因此也不结种子，取而代之的是它们的孢子囊里装满了孢子。当孢子成熟时，孢子囊破裂，将孢子散播到风中。孢子通常只有几百分之一毫米大小，轻得即使在微微轻风中也能飘出很远。一旦它们落在潮湿的地面上，新的植物就可以萌发了。流水也可以运送孢子。

桫椤

在热带和亚热带地区生长着让人过目不忘的桫椤类植物。它们高达25米，是原始蕨类森林的亲历者，在恐龙时代就已经存在了。

孢子囊

孢子囊位于叶子的背面。

植物小档案

蕨类植物

科属： 多种科属
栖息地： 森林、森林边缘、灌木丛
分布范围： 几乎全球

这片螺旋状卷曲的嫩叶破土而出。现在，叶子的正面开始比背面生长得更快，这样叶子就能展开了。

荚果蕨

荚果蕨的根状茎粗壮，短而直立，中部以上叶片反卷成荚果状。

根状茎

开枝散叶

根状茎每年都会发出新叶，这些叶子通常能长到0.7～1.1米长。

班克树

好吃！

花朵

澳大利亚的有袋目动物和大鹦鹉都会来光顾这些令人印象深刻的花朵。

1770 年，当著名的英国探险家詹姆斯·库克船长在他的首次环球航行中登陆澳大利亚时，与他同行的博物学家约瑟夫·班克斯发现了许多新的动物和植物物种，其中就包括班克树。班克树也叫佛塔树。这种植物特别喜欢火焰，因为它们需要丛林大火来传播种子。根据具体树种的不同，班克树可能是灌木，也可能是小乔木。它们的花朵像刷子，有时是圆形的，有时偏长一些，颜色黄绿。这些花朵十分壮实，因为给它们传粉的可不只是昆虫，还有体重较重的有袋目动物和大鹦鹉。

植物小档案

班克树

科属： 山龙眼科佛塔树属
栖息地： 干旱的沿海平原
分布范围： 澳大利亚

我们等得起

这些坚硬的果实保护着它们的种子，静静地等待着一场丛林山火。

没事儿！

要是这棵银叶班克树不幸在一场大火中倒下，那也没事儿！在过去的岁月里，它已经孕育保存了足够多的种子，足以让无数后代继续传播，生根发芽。

总有喜欢大热天的！

受精的花序孕育出石头般坚硬的果实，它们会一直留在树上——哪怕一批批新的花朵和果实都已经长成。用这种方式，班克树多年来积累了海量的种子库存。雨季刚刚开始，植被仍然干燥，如果此时来一场雷暴，那么闪电就可能引发森林大火。大火的高温促使这些坚硬的果实爆裂开来，释放出里面的种子。种子落到土地上，而那里刚被植物燃烧的灰烬施过肥呢。暴雨同时还带来了种子发芽所必需的水。现在，种子们连最轻量级的竞争对手都没有了，它们独享丰富的矿物质营养，小树苗迅速长大了。班克树只有在火的帮助下才能传播，所以植物学家也称这种树为"火树"。

➤ 你知道吗？

几千年来，澳大利亚原住民一直有意引发丛林大火进行捕猎。这些大火也帮助了班克树种子的传播。

果实只有在高温时才会爆裂开来，释放出有"翅膀"的种子，种子被风和上升的暖空气带走。

云 杉

云杉的自然栖息地是高纬度地区和山区，那里潮湿而凉爽。因为云杉生长迅速、树干笔直，而且栽培要求不高，所以也被当作经济林，种植在远离山区的低海拔地区。不过这种单一作物林很容易受到树皮甲虫及其他树木害虫的侵害，也容易被风暴破坏。作为一种浅根系的树木，云杉很容易被连根拔起。云杉喜欢凉爽的地方，由于气候变暖，它将无法在低海拔地区生存，未来，云杉极有可能被其他树种取代。

用途广泛的云杉

云杉是最重要的森林树种之一。它能为房屋建筑和家具提供木材，还可以作为引火柴。它的纤维素是生产纸浆和纸张的基本材料。精挑细选的笔直的云杉木还能用来制作乐器，特别是键盘乐器和弦乐器的音板。在高山和陡坡上生长的云杉还是一种重要的保护性森林，它们阻挡着雪崩和落石，不让灾难摧毁村庄或城市。

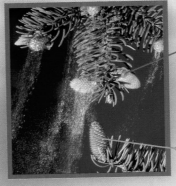

雄球花

雄球花产生的花粉像尘埃一样，被风吹向雌球花。

雌球花

小枝生长点的顶端生长着红色的雌球花。

球 花

球花最初是直立枝头的，随着授粉过程会逐步向下弯。

球果和种子

一开始，球果是绿色的，随着逐渐成熟，它也逐渐转为褐色。干燥时球果的种鳞打开，释放出种子。种子带有翅膜，可以随风飞向远处的土地。

知识加油站

▶ 云杉很容易同冷杉区分开来。云杉的针叶脱落时会在枝上留下一根小小的柄；而冷杉的针叶会连着柄一起脱落，枝上只留下一个圆圆的疤。

▶ 云杉的球果垂吊向下，冷杉的球果向上立起。云杉的球果掉落时会整个落下，冷杉的球果还在树上挂着的时候就开始掉落种鳞了，树边掉落的球果像是被啃了一样。

▶ 云杉的针叶尖利，扎人很痛；而冷杉的针叶扎人不疼。

云杉是很常见的针叶树，它可以长到60米高。

植物小档案

云 杉

科属：松科云杉属

栖息地：针叶林、经济林

分布范围：亚洲、欧洲、北美洲

滨玉蕊

滨玉蕊可长到 20 米高，它主要生长在热带海岸。它的果实呈金字塔形，像椰子那样被一层纤维包裹着，果实如果从树上掉落，这种纤维可以起到保护作用。此外这种纤维还能使果实浮起来，有时果实会被海浪带到海里，被洋流运到远处的海滩。哪怕在海中漂流两三年，它们的种子仍然可以发芽。

捕 鱼

渔民们用滨玉蕊的果实作为渔线的浮子。但是用滨玉蕊捕鱼，也还有别的方式。它的果实和其他部分含有皂苷，可以被当地人用作捕鱼的毒药。将它的果实、树叶和树皮碾碎后放入河中，鱼儿就会被皂苷毒倒，纷纷浮到水面上来。只需往下游走上一段路，就可以用篮子把毫无反抗之力的鱼儿捞起。不只在淡水里，岩石之间的天然海水池中，这个方法一样奏效。滨玉蕊的毒素之所以被称为皂苷，是因为当它与水混合搅拌时，会像肥皂一样起泡。

没熟的果实

游泳好手

滨玉蕊独特的金字塔形果实会随着海浪被冲到海滩上。

药 物

在泰国，滨玉蕊的一些部位是一种传统的药物。这种种植要求不高的树在热带地区也被作为行道树种植。

华丽的花朵

短短的总状花序上可以开出 10 朵花。白色花瓣形成一个足有 10 厘米大小的花朵，醒目的浅玫红色雄蕊像毛刷一样从花朵中伸出来。滨玉蕊开花时间只有一夜，这时可能会有飞蛾造访并为它传粉。

植物小档案

滨玉蕊

- - - - - - - - - - - - - - -
科属： 玉蕊科玉蕊属
栖息地： 海岸、红树林、河岸
分布范围： 亚洲、非洲东部、大洋洲

亚 麻

植物小档案

亚麻

科属: 亚麻科亚麻属
栖息地: 干旱地区、田野
分布范围: 几乎全球

压榨亚麻籽可以得到
亚麻籽油。

熟透了!

这儿长了一件衣服!

即将收获的亚麻田。长长的亚麻
秆含有坚韧的纤维,可以用来制作布料。

亚麻布

以前,人们就是用这
种简单的工具打碎亚麻秆
的❶。操作过程中,坚硬
的木质层被打碎,碎片落
在地上,而长纤维则留在
亚麻秆里。再用刷子刷理
这些纤维❷。用纺锤把纤
维纺成线❸。

自花授粉

亚麻主要是自花授粉。经昆
虫的交叉授粉只占一小部分。

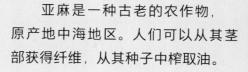

亚麻是一种古老的农作物,
原产地中海地区。人们可以从其茎
部获得纤维,从其种子中榨取油。

纤 维

用亚麻纤维来纺线织布可不容易。人们得先收割亚
麻作物,把它们一束一束地在地里晾干。接着轮到微生
物上场干活儿了,在水分的帮助下,微生物把韧皮部纤
维与茎秆的其他部分分离开来。现在人们才可以通过弯
折茎秆来弄碎里面的木质层。又短又硬的纤维碎裂开来,
然后被去除,只留下长的纤维。随后人们甩动纤维,再
用铁刷子梳理,以去除最后的杂质。现在终于可以用纤
维纺线了,最后将线织成布料,就可以制作一套时髦雅
致的亚麻西服了。短纤维不适合做纱线,它们可以被加
工成纸或绝缘材料等。

亚麻籽

亚麻籽可以食用或用于烘烤。但绝大多数的亚麻籽
都用于榨油了。亚麻籽油可以食用,也可以用于制作清
漆、油漆、蜡布或软肥皂。这种油有个好处,它可以不
知不觉地渗入最小的裂缝和角落里,然后随着时间的推
移硬化,这样它就能使木材防水,还能保护金属不生锈。
中世纪的骑士们就用亚麻籽油保养装备,以防锈蚀。

亚麻种在田地里,
这些花朵到了秋天就
会变成种荚。

欧丁香

丁香属包括 20 多个植物物种，它们原产于亚洲和欧洲东南部，欧丁香是其中之一。它那淡紫色的花朵盛开在西亚和欧洲东南部各地。欧丁香为灌木或矮树，最高可达 6 米。15 世纪中期，欧丁香作为观赏灌木，从今天的土耳其一带被引入，种植在维也纳宫廷中供人欣赏，随后又从那里被引入法国贵族的城堡花园。后来，整个中欧，甚至连农场里都有了它的身姿。

黄色的欧丁香

这是欧丁香的人工变种，刚开花时是淡黄色，随后变成白色。这个品种是 1949 年偶然出现的，从那以后就被专门培育。

又苦又甜

这些花朵用花蜜吸引传粉者，内含苦味成分，防止花朵被昆虫吃掉。

新的色彩

欧丁香的花是紫色的，小花朵挤在一起，组成 10～20 厘米长的花序，又叫圆锥花序。19 世纪中期以来，人们通过育种培育出了新的花色品种。那种刚开放时是黄花，快到凋谢时几乎变成白色的欧丁香，就是欧丁香变种。在花园和公园里常能看到它们，偶尔也能见到它们野化生长。欧丁香会长出匍匐茎，于是一大丛厚密交织的欧丁香植物群也就随之形成了。

新的植物

在欧洲中部，欧丁香是一种所谓的外来物种。外来物种是指自 1492 年，即克里斯托弗·哥伦布发现美洲的那一年以来，被人类有意或无意引入当地的、先前没有的植物。现在欧丁香在欧洲的分布非常广泛，甚至可以算是一种入侵物种了，它压缩了本地物种的生存空间，减少了生物多样性。与欧丁香不同，番茄倒是一个有用的引种植物。

绚丽多彩

绚丽的花序具有不同的颜色，根据品种的不同，花朵从深粉紫色❶到粉白色❷，又到白色。

植物小档案

欧丁香

科属：木樨科丁香属

栖息地：稀林、灌木丛、公园、花园

分布范围：原为西亚和东南欧，现在温带地区广泛分布

雏菊

雏菊有很多名字，比如马兰头花、延命菊、春菊等，这还只是它各种名字中的一小部分呢！

显微镜下

雏菊花的外侧是由明亮的白色花瓣组成的伪花。真正的花藏在它黄色的"眼睛"里。在那里，1.5 毫米长的管状花彼此紧挨着，呈螺旋状排列。这样 75 ～ 125 朵微小的花朵共同构成了一个小花篮。雏菊属于菊科植物，菊科的拉丁文学名"Asteraceae"这个词来自"aster"，是星形的意思，指菊科植物的头状花序像星形一样。

花朵受精后发育成约 1 毫米大小的果实，称为"瘦果"，内含种子。

旅途中的小花

雏菊传播繁殖的方式多种多样，可以依靠风、雨，还能借助动物和人。当雨滴落在植物上，它就把瘦果从小花篮里扔出来，扔到母株的附近。而如果天气干燥无雨，只要来一阵大点的风，风吹动富有弹性的花茎，瘦果就会被吹散开去。蚯蚓之类的动物也能帮助雏菊进一步传播。它的瘦果还能黏附到人类的鞋底上，随我们踏上旅途。一旦瘦果接触到肥沃的土壤，它们就会发芽。

传粉

昆虫携带花粉，为每一朵小小的黄花传粉。

植物小档案

雏 菊

- - - - - - - - - - - - - - - - - - - -

科属：菊科雏菊属
栖息地：草地、公园、花园
分布范围：几乎全球

防晒

刚开的小雏菊花，花瓣的尖端是红色的，这是花中红色素的颜色。这种植物色素能保护年轻的、迅速生长的植物细胞免受紫外线的伤害。

多种多样

人工培育的雏菊种类繁多。

➤ 你知道吗？

雏菊是向光性植物，也就是说它的花头始终朝向太阳的方向。夜间或者雨天时，花朵闭合。

小雏菊真可爱！

草地芳踪

随着草地逐步扩大，雏菊也就随之蔓延。

银 杏

臭 果

树龄较长的银杏树经常能结出好几百千克臭臭的种子。

在亚洲，银杏代表着长寿和力量。它的种子可以食用，叶子中的提取物可以促进血液循环，据说还能增强记忆力。

知识加油站

▶ 这些经历数亿年而几乎保持原样、鲜少改变的物种，被称作活化石。

▶ 进化论的创始人查理·达尔文创造了"活化石"一词，并首次用来描述银杏。

▶ 活化石还包括桫椤、马尾蕨和水杉。

早在二叠纪时期，也就是约 2.5 亿年前，银杏就已经种类繁多，几乎遍布全球了。银杏见证了恐龙的灭绝，见证了哺乳动物的崛起和人类的进化。银杏一直活到今天，只留下了一个物种，也就是原产于中国的银杏。18 世纪的时候，银杏被荷兰水手带到欧洲。

臭臭的种子

作为公园树种和观赏树种，银杏现在被重新栽种到全世界的中纬度地区。不过种的时候可得留神看看种的是雄树还是雌树。

雄树和雌树到了秋天就很好分辨了。雄树的叶子已经变黄，而雌树的叶子仍然深绿——它们还得供着自己的果实待其成熟呢。银杏的果实其实就是它的种子，它像一颗颗小小的黄色李子，从树上掉下来，散发出刺鼻的酸腐黄油气味，因为种皮中含有散发恶臭气味的物质——丁酸和癸酸。

银杏树

银杏树可以长到 40 米高，古老的银杏只生长在中国。夏天绿叶成荫，秋天则会落叶。它的寿命可达千年。银杏树分雄树和雌树。

这是银杏树的雄球花，花粉靠风媒传播。

植物小档案

银 杏

科属： 银杏科银杏属

栖息地： 混交林、公园

分布范围： 原产于中国，现作为观赏树种植于世界各地

毒豆

花串

黄色的蝶形花约为 2 厘米宽，一串一串从枝头长长地垂下来。花谢后会结出荚果，内含深色的种子。

花

植物小档案

毒豆

科属： 豆科毒豆属
栖息地： 干燥森林、草地、花园、公园
分布范围： 西亚、欧洲、非洲北部

最早的时候，毒豆生长在欧洲南部和东南部。16 世纪后，人们被它绚丽的花朵吸引，于是把它当作观赏植物种植在公园和花园里，因此它在整个欧洲中部广泛分布。不过毒豆不适合种植在小孩子玩耍的花园里，也不应该种植在操场和幼儿园附近，因为这种植物全株有毒。

美丽却有毒

深秋时节，成熟的种子的毒素浓度最高。如果人们不慎吃了种子，或者吃了植物的其他部分，那就得准备好迎接恶心和呕吐，有时也可能出现头晕或者幻觉，最糟糕的情况下，毒豆会导致人呼吸麻痹，危及生命。毒豆不仅对人类有危害，对动物也不友好，比如牛、山羊、猫、狗、啮齿动物，甚至鸟类都可能遭受它的毒害。

金雨

毒豆最高可高达 7 米，形态为灌木或者小乔木。它又被叫作"金雨"，这个美名可得归功于那些从枝头垂落的长达 30 厘米的黄色花串。

种子

荚果

时至晚秋，如果天气干燥，包裹着种子的荚果就会裂开，种子能被弹射出好几米远。

➡ 你知道吗？

奶牛和山羊会通过乳汁排出毒豆的毒素，于是喝这种牛奶（羊奶）的人会间接中毒。

植物育种和绿色基因工程

自从人类学会耕种，也就开始了育种。人类对植物进行杂交育种，以获得具有某种特性的新品种。育种的目的通常是提高产量或改善抗性，以便更好地抵御寒冷、干旱或者虫害。现代的小麦品种正是通过对野生的单粒小麦和二粒小麦进行育种栽培而得来的。

水稻、玉米和大豆等主要的粮食作物，通过育种变得越来越高产。但植物育种需要大量的时间，因为我们必须先等待那些具备新特性的种子成熟，之后才能播种。而直接干预植物的遗传物质则会快得多。

人们经常用这种图片来介绍基因工程。不过，只靠一支注射器可不行，基因工程当然没这么简单。

突 变

我们可以人为增加突变的可能。突变指的是遗传物质的改变，人们利用辐射或化学物质就能做到这一点，比如秋水仙碱。

但是突变过程是无法控制的，有时会产生无法存活的植物，不过时不时也会出现具有积极特性的新突变，可以用于进一步的育种。

剪切和粘贴

要是你不想赌运气，也可以在实验室里把 DNA（即脱氧核糖核酸）剪成段，然后再把这些片段拼合起来。除了剪切，我们还能在里面插入外来基因，有针对性地改变植物的某种特性。现在人们还能激活或者关闭已存在于细胞中的基因。这种对基因的干预被称为基因工程。而绿色基因工程指的则是对植物基因进行干预。

更少虫害，更多收成

一些经济作物已经成功地完成了基因改造。我们创造出了不再受到虫害侵扰或产量更高的新的植物品种。这样做的好处是：虫害以及病原体侵害的情况得到控制，小麦或玉米的产量增加了。在基因工程的支持者看来，要想养活越来越多的人，基因工程不可或缺。

育种目的——丰产：通过针对性的杂交培育，我们从产量稀少的野生玉米中培育出了丰产的玉米品种。

➡ 你知道吗？

在自然界中，新的植物品种也通过突变和自然选择不断产生，这种方式也被称为进化。而人类通过育种加速了自然选择的过程。

新品种

绿色基因工程可以应用到农业和食品领域。生物技术专家培育出对害虫、疾病或杀虫剂有特别抵抗力的新植物品种。

植物

没它也能行

另一方面，基因工程的反对者则认为其中存在风险，他们担心人们还没有充分了解基因工程的风险，在田间栽培转基因植物之前，必须更仔细地研究清楚它们。转基因植物的花粉和种子可能会落入邻近的田地或是落到野生植物上。一旦转基因植物和未经改造的、野生的植物出现混交，就无法逆转，其可能带来的后果目前还不清楚。

保护物种多样性

此外，有些大型公司为转基因植物申请专利。某些国家的种子公司已经拥有一系列转基因植物的专利，这些植物对该公司自己出品的除草剂具有抗药性。这些作物包括玉米、小麦、水稻和大豆等粮食作物。

利用这些转基因作物，大型的农业公司就能垄断重要的主食作物。而小农户只能被迫种植某些特定作物，并且每年都必须重新购买昂贵的种子。反对者还提出一个观点，即转基因植物的传播还会导致生物多样性减少，许多天然的植物物种可能因此从地球上永远消失。

失控？

基因工程饱受争议。支持者希望依靠基因工程解决粮食问题，而反对者举行种种抗议活动，希望让人们注意到其中的风险。

外来基因怎么进入植物体内？

每种植物，比如玉米❶，都由微小细胞组成❷。细胞核中含有遗传分子，即所谓的 DNA ❸。DNA 储存着植物的全部遗传信息，还储存着植物开枝散叶的运行指令。DNA 由较小的分子组成，这些分子就像字母表中的字母一样，可以被阅读。不过 DNA 的字母表中一共只有 4 个字母。

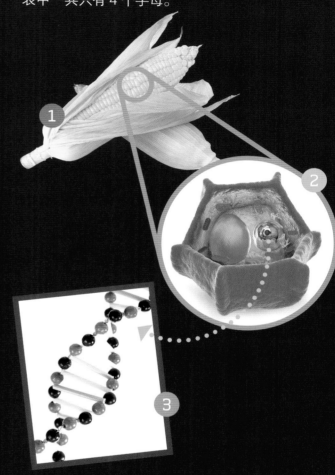

有一种方法可以把基因引入植物，那就是打个基因"出租车"。这个"出租车"一般是某个病毒或细菌。"出租车"载上新基因，直达植物细胞。人们利用某种病毒或细菌感染这株植物，接收了新基因的植物部分被送往实验室，在那里培养出完整的植物。用这个方法，来自苏云金芽孢杆菌（Bt）的一个或多个基因被引入玉米植株，这样得到的转基因玉米能分泌 Bt 毒素，来对抗某些害虫。

牛蒡

植物小档案

牛蒡
- - - - - - - - - - - - - - - - - -
科属: 菊科牛蒡属

栖息地: 篱笆、碎石堆、岸边、路边、堤坝

分布范围: 亚欧大陆、美洲大陆、澳大利亚

牛蒡的花朵从红色到紫色不等，花朵周围环绕着长有钩刺的苞片。

牛蒡对生长环境的要求很低，是一种先锋植物。这意味着它可以率先在新开拓的、尚未被植被覆盖的地区生长，比如路边、森林空地、建筑物之间的空隙、坑洞或铁轨旁。除了这些本事，先锋植物还有一个显著特征：它们的种子扩散能力很强，能抵达很远的地方，因为它们找到了一种非常特别的扩散方式。

出门靠动物

牛蒡是一种两年生植物。不过第一年它通常只长叶子不开花。它把积攒的营养物质储备在自己长长的直根里，以便第二年用来发育花和种子。一旦牛蒡花朵凋零，种子形成，等待它的就是死亡，只剩下干枯的茎秆留在原地，茎秆顶端挂着带钩刺的牛蒡果。现在，牛蒡果要做的就是等待，等某只动物路过，搭上它的"便车"。这些球形的果子轻易就能钩住动物的皮毛或者行人的衣服，有时能通过这样的方式到达很远很远的地方。

牛蒡的作用

牛蒡的直根里含有糖、精油、树脂、丹宁和其他物质，这些物质可以抑制部分细菌和真菌的生长。用牛蒡根可以制茶，也可以制作软膏。牛蒡的提取物还可以外用，帮助解决皮肤问题。它的根和嫩叶还能煮汤或作为野菜食用。

牛蒡果

这些果实已经成熟，正准备钩在动物或行人身上。

钩刺

钩住了

有了这些小钩刺，牛蒡果就能钩到路过的动物的皮毛上了。

➡ 你知道吗？

一位瑞士工程师每次带着狗在森林中散步后，总得摘半天狗毛上粘着的牛蒡果。于是他把牛蒡果放到显微镜下仔细地观察，结果看到了细小的钩刺。这让他产生了灵感，发明了尼龙搭扣。

大叶片

牛蒡多分枝，最高可以长到1.5米，大叶片是它的特征。

毛 茛

全世界生长着超过 400 种毛茛属植物，它们中的大多数都是陆生植物，少数生长在水域里。它们的共同点是都拥有金黄色的花朵，每朵花有 5 片花瓣。其中最著名的是草甸毛茛，每到暮春，它就将草地染得一片金黄。草甸毛茛的叶子让人联想到鸡的爪子，它的气味很刺鼻。

毒 草

千万注意，不要食用毛茛，因为它们有毒。牛和其他食草动物也知道这一点，它们吃草时都会绕开这种植物不吃。对于啮齿动物来说，毛茛一样有毒——所以不要给兔子和豚鼠喂食毛茛。不过其毒性在干燥过程中会逐渐消失，因此含有干毛茛的干草料可以用作饲料。

药 草

哪怕只是触碰毛茛，也可能带来麻烦。许多人走过草地后患上了植物性皮炎，罪魁祸首之一就是毛茛，它接触皮肤可引起发炎和水泡。由于毛茛植物内含腐蚀性成分，它们也可药用，比如可以用于治疗溃疡或疣。

有毛的萼片

草甸毛茛可以长到 1 米高。在中国，毛茛被称为鱼疗草、烂肺草。

花

彼此独立的黄色花朵富有光泽，闪闪发亮，吸引着蜜蜂和苍蝇前来传粉。花瓣下的萼片同样是黄色的，披着一层绒毛。

➡ 你知道吗？

毛茛的花朵朝向太阳，即使是阴天花朵闭合时也是如此。这可能有助于提高花朵内部的温度，加速花粉成熟。

观赏植物

人们可以买到种类繁多的毛茛。

植物小档案

毛 茛

- - - - - - - - - -

科属：毛茛科毛茛属
栖息地：湿草地、路边、灌木丛
分布范围：亚洲、欧洲、北美洲

大麻

大麻生长极快，而且长得很密集，几乎让大麻田里的杂草得不到任何光照。大麻一般可以长到 1.5～4 米高，它能提供长纤维，用于制作绳索、帆布和衣服。世界上最早的纸是在中国制造的，原材料就是苎麻和大麻。几个世纪以来，世界上很多地区的人都用这种植物造纸，早期的印刷用纸大部分都是用大麻和亚麻纤维制成的。后来，人们开始用木材生产纸张。

大麻叶

边缘呈锯齿状、像手指的羽状叶是典型的大麻叶片。

大麻幼苗

这株幼苗未来可能会长成为一株 3 米高的大麻。

毒性与用途

一些大麻品种，如印度大麻，含有较多的四氢大麻酚，会使人们产生迷醉感，诱发精神错乱。由于它们可以成瘾，许多国家禁止种植印度大麻，也禁止拥有和交易含有印度大麻的大麻制品。不过也有一些国家允许将大麻用于医疗领域。自古以来，大麻就是一种药用植物，数千年来一直被用于治疗某些疾病。不含四氢大麻酚的大麻物种还可以用于生产油漆、涂料、饲料等。

麻田

专门培育的大麻作物几乎不含四氢大麻酚，可以在某些国家种植。

雌株

大麻的圆锥花序形似葡萄串。

植物小档案

大麻

- - - - - - - - - - - - - - - - - - -

科属： 大麻科大麻属

栖息地： 种植园等

分布范围： 野生生长于世界各地，种植栽培由国家管控

➡ 你知道吗？

大麻用于建筑也已经有几个世纪的历史了——如今主要用于生态建筑。大麻纤维可以制成绝缘垫，具有隔音和隔热的作用。

欧榛

榛子在 9 月底完全成熟。此时它的外壳呈褐色，果仁呈棕褐色，口感松脆。

欧榛灌木的坚果到了 8 月份就能吃了，不过这时候它的果仁颜色较浅，口感较软。

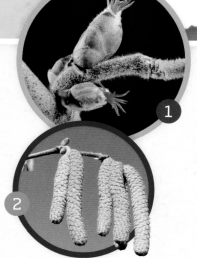

柔荑花序

欧榛靠风传粉，不需要吸引昆虫，因此它的雌花❶并不绚丽显眼。花朵隐藏在特别的苞片里，只露出了红色的柱头，花粉将落在上面。雄花序❷长 8~10 厘米，颜色从淡黄色至绿色。这些柔荑花序由多个花朵组成，其中一朵花就包含大约 400 万个花粉粒。

榛果收获

在种植园里，人们往往等榛果掉落一地的时候才开始拾获。

植物小档案

欧 榛

- - - - - - - - - - - - - - - - - - -
科属： 桦木科榛属
栖息地： 森林、森林边缘、树篱、种植园
分布范围： 欧洲、亚洲西部

欧榛通常高 5 米，原产于欧洲和位于亚洲西部的小亚细亚半岛。这种植物以它的食用果实榛子闻名。欧榛还未长出叶子时就先开花，花期通常在 2 月到 3 月之间。每株灌木都具备雌花和雄花。雄花排成柔荑花序，两两一对，或者 4 个一组，垂挂在枝头。花粉随风飘散到不显眼的雌花上。由于雌花不产生花蜜，因此也没有昆虫来访。受精的花朵到了 9 月开始结榛子。

健忘的松鼠

松鼠和欧榛关系密切。春天，松鼠以各种植物的花蕾、花朵和嫩叶为食，其中也包括欧榛。在夏季，松鼠会到处寻找水果和坚果。秋天，它会为即将到来的冬季筹备粮食，把坚果等种子埋藏起来，榛子当然也在其中。然而，松鼠可记不住所有的储粮处。被松鼠遗忘的榛子常常破土而出，长成新的欧榛灌木丛。

精力小宝库

榛子富含油脂，热量非常高。榛睡鼠和鸟儿也以它为食。榛实象鼻虫这种甲虫甚至把自己的后代产在其中。

松 鼠

松鼠喜欢吃榛子。为了吃到果仁，它们用两只爪子抓住坚果，在外壳上啃一个洞，然后用牙把坚果撬开。

犬蔷薇

植物小档案

犬蔷薇
- - - - - - - - - - - - - - - - -
科属：蔷薇科蔷薇属
栖息地：灌木、森林边缘
分布：欧洲、亚洲西部

蔷薇科植物

花朵和尖刺向人
们泄露了这种植物的
蔷薇科身份。

犬蔷薇是一种灌木，通常可以长到 3 米高。有些人是因为它红色的蔷薇果才认出这种植物的。凭借其钩状的刺，犬蔷薇还可以攀缘着其他植物往上爬，而且它分枝众多，易于形成野生灌木丛。

防风和栖息地

灌木状的犬蔷薇和其他植物共同组成了天然的灌木丛。它是人造防风林的理想栽培树种，防风林可以减弱无林地区的风力。这些树篱伫立在草地和田野之间，将不同的栖息地彼此连接。树篱本身也为各种植物和动物提供了栖息地。紧密交织的灌木丛隐藏起鸟儿的身影，让它们不受干扰地孵化它们的卵。鸟类、昆虫以及睡鼠之类的小型哺乳动物，都能在茂密的犬蔷薇丛中找到食物。蔷薇果整个冬天都悬挂在光秃秃的灌木枝头，是鸟类和其他动物的重要冬季口粮。

果与叶

受精的花朵 **1** 会结出被称为蔷薇果 **2** 的果实。这些羽状复叶由一对对单片的叶子组成，末端有一片顶生小叶，叶子边缘有锯齿。嫩叶可以用于装饰沙拉。

野蔷薇

像犬蔷薇这样的野生蔷薇为许多动物提供了庇护。它们的红色果实也是一种富含维生素的食物，很多动物从中受益，例如鸟类。

犬蔷薇有时无须授粉也能结出包含种子的果实。种子通过动物传播：动物吃掉果实后，会把未消化的种子排泄出来。

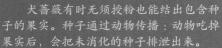

蓝 莓

6月至9月是野生蓝莓的主要采收季,不过此时只能采摘完全成熟的果子,因为如果收早了,果子就不会再继续成熟了。由于野生蓝莓是一种矮小的灌木,最高只能长到50厘米,这就使得人们采摘时必须一直弯着腰。好在辛苦是有回报的:这种浆果外皮呈深蓝色,果肉呈蓝紫色,味道非常甜,而且果香浓郁。不过,以前这种果实保存时间不长,还非常怕挤压,因此,鲜果不适合进行交易。

商品蓝莓

100多年前,也就是在20世纪初,美国和加拿大的人们开始种植蓝莓灌木。通过人工培育,人们得到了能长得更高的蓝莓灌木丛,因而比野生蓝莓更易于采摘。通过育种,果实也变得更大、更结实,只是它们的味道不那么浓郁了。人工栽培的蓝莓外皮还是蓝色,但果肉不再是深色,而是浅绿色。这种蓝莓可以新鲜出售。

在欧洲,蓝莓的花期通常在5月和6月之间。

蓝莓也是麻烦

美国蓝莓在欧洲也有种植,鸟类和哺乳动物食用它的果实,从而帮它传播种子。蓝莓灌木交错生长,形成厚密的灌木丛,使其中喜光的草本植物受到了威胁。蓝莓灌木丛还会蒸发大量水分,导致土地干燥化。因此,美国蓝莓被看作不受欢迎的入侵物种。

果子尚未成熟

5、6月间,人工栽培的蓝莓外表依旧是尚未成熟的绿色。进入7月后,根据所处海拔高度和阳光情况,蓝莓才开始陆续可以采收。

野生蓝莓是一种矮灌木,高度在15~50厘米之间。

➡ 你知道吗?

蓝莓汁会把手指、牙齿和嘴唇染成蓝色,不过,只要涂上点柠檬汁,颜色就会变浅了。

植物小档案

蓝 莓

- - - - - - - - - - - - - - - - -

科属:杜鹃花科越橘属
栖息地:森林、荒野、沼泽
分布范围:亚洲、欧洲和北美洲的温带地区

巨独活

巨独活，也叫巨型猪草，是多年生草本植物。巨独活中的有些个体可以超过 3 米！不过，欣赏这种植物时最好保持安全距离。

禁止触摸！

从叶片到根茎，这种植物全株都含有呋喃香豆素，这种毒素可以使皮肤的天然紫外线保护功能失效。触碰巨独活后，一旦接触阳光，皮肤就开始发红，有时会出现烧伤般的水疱。要想痊愈可能需要数周时间，所以最好保持距离！遛狗的时候，你也得确保小狗不去嗅这些植物。

外来之草

巨独活原产于高加索地区，于 19 世纪末被引入欧洲，人们把它们种植在公园和花园以供观赏。从那时起，它的野外传播也开始了。每株巨独活都能产生成千上万的种子，虽然种子不会远飞，却可以在水中漂浮数天之久，溪水和河水一样能将它们带往天涯海角。巨独活最喜欢的是湿润且肥沃的土地。

如果不慎触碰

图中这位女士距离巨独活明显已经太近了。要是有人不慎触碰了它，要立即用水冲洗触碰的部位，并且遮盖该部位的皮肤，避免被阳光照射到。

种子

传播

巨独活的种子是游泳好手，可以通过流水传播。动物和汽车轮胎的胎面也能助其一臂之力，将种子传播到别处。

巨大的伞状花序

花伞的颜色可从白色至浅紫色，花的直径甚至可以超过半米。

植物小档案

巨独活

科属： 伞形科独活属

栖息地： 山地、岸边、休耕地、路边、草地、田野

分布范围： 高加索地区、欧洲

木蓝

观赏植物

木蓝这种开粉色花朵的灌木，可以作为观赏植物栽种在花园里。

豆荚

木蓝是结豆荚的。不过，它豆荚中的豆子不能食用。

从 20 世纪 60 年代起，人们对人工合成靛蓝的需求一度增加，主要是为了给当时开始流行的蓝色牛仔裤染色。后来，人们又越来越喜欢天然产品，所以又重新开始从植物中提取天然靛蓝，于是，印度、巴基斯坦、印度尼西亚和斯里兰卡等地的小型种植园中又开始栽培木蓝了。

木蓝属包含几百种植物，人们从木蓝中提取了靛蓝，又叫靛青，一种深蓝色的染料。木蓝是一种灌木，生长高度可接近 2 米。在中国，用于制作靛蓝的植物多为马蓝、蓼蓝、菘蓝等。

（靛）青出于（木）蓝

不过，木蓝植物其实根本不含靛蓝，只含有一种无色的靛蓝前驱物质——靛苷。首先把木蓝植物浸水数日，经过长时间的水解发酵，靛苷变成了 3-羟基吲哚，即靛白，一种黄色物质。靛白又与大气中的氧发生反应，生成蓝色的靛蓝。人们可以使用发酵的靛白溶液，把织物染成黄色，然后让它在空气中干燥，布料就会变成蓝色；也可以直接把靛白制成靛蓝，得到深蓝色的固体颜料。

热销的染料

靛蓝在 1900 年前后是重要的染料，用于给制服以及工装染色。到了 1878 年以后，德国化学家逐步研究出多种方法，开始人工制备靛蓝，从而与天然靛蓝形成了竞争。

蓝色民族

撒哈拉沙漠里，这位骄傲的图阿雷格人戴着靛蓝色的头巾。这种头巾也作面纱用。图阿雷格人也因此被称为"撒哈拉的蓝人"，因为他们的蓝色衣物褪色时会染蓝他们的皮肤。

靛蓝

天然提取的靛蓝被制成粉末或者块状，用以销售。

植物小档案

木蓝

- - - - - - - - - - - - - - - - - - -

科属： 豆科木蓝属

栖息地： 种植园等

分布范围： 亚洲、非洲、北美洲

木蓝植物

人们用木蓝的绿叶发酵制成了深蓝色的靛蓝。从木蓝的外观你是看不出蓝色的，这种蓝色染料只有通过步骤复杂的化学程序才能制成。

姜

花

姜的芽

芽从根状茎上长出。如果切开姜发现里面烂掉了，绝对不能吃！

姜块

美丽的姜

姜能通过其根状茎和种子繁衍传播。它可以开花结种，你可以在商店购买到姜种。

有用的块茎

人们在种植园里人工栽培姜。种植者先把它的根状茎切分开，再分别种到土中，根状茎会在土壤中发芽、分枝。

植物小档案

姜

科属：姜科姜属
栖息地：田野、种植园
分布范围：热带和亚热带地区

由于生姜具有芳香和辛辣气味，且有抗菌效果，4000年来它一直是药用和香料植物。通过丝绸之路，姜从中国和印度被运送到地中海地区。古希腊人和古罗马人早就已经使用生姜了，他们用它辛辣而清香的味道给菜肴调味。世界上姜产量最大的国家是印度，但是，印度生产的姜只够自己消费，因而中国才是最大的姜出口国。不过，其他的热带和亚热带国家也种植姜，比如印度尼西亚、澳大利亚，以及南美国家和非洲西部。

中世纪的姜

在中世纪，只有富人才吃得起姜。当中世纪的欧洲被严重的鼠疫折磨时，许多传言中的治疗鼠疫的药方都含有生姜——但其实徒劳无功。不过，生姜的确含有不少具有抗炎作用的物质，因此对某些类型的细菌甚至病毒都有一定疗效——至少可以对抗轻度感染。此外，生姜含有矿物质、维生素 C，可以帮助缓解恶心等症状。

长于地下的姜

我们购买的生姜看起来像某种植物的根，但是在植物学家眼里，它们其实是根状茎。根状茎是一种通常不破土而出的茎，它们生长于地下，植物在其中储存淀粉和其他物质。根状茎可以分枝并形成芽苞，从中发育出嫩枝，然后向上生长。所有具有根状茎的植物都能以这种方式繁殖。就生姜而言，芽从根状茎上长出，再长叶子，地上茎可长到 1 米以上，叶子细长而尖，类似芦苇叶。它还能长出较小的花芽，长到 20 厘米高就开始发育花序。因此，生姜既能通过根状茎繁衍，也能通过种子传播。

短叶丝兰

花

短叶丝兰的花序分裂成许多小簇，也就是所谓的圆锥花序。丝兰蛾会将卵直接产在花中。

短叶丝兰，也被称为约书亚树。严格说来，约书亚树根本不是树，而是天门冬科丝兰属的植物。从它们尖尖的叶子，不难看出约书亚树与龙舌兰是亲戚。

沙漠专家

短叶丝兰是一种奇特的植物，它能很好地适应干旱炎热的气候。在美国西部的莫哈韦沙漠，这种植物特别常见。它可以长到 15 米高，被认为是北美沙漠的象征。一些个体的年龄超过 900 岁，它们受到了特别的保护。

繁 衍

短叶丝兰一开花，雌性丝兰蛾就会来花中产卵。这时它们也就顺便传递了花粉，从而帮助短叶丝兰授粉。不过，从蛾卵中孵化的幼虫却以短叶丝兰的种子为食，是一种植物害虫。幸运的是，丝兰蛾不会吃尽所有的种子，留下的种子足以确保短叶丝兰的繁殖。此外，新茎可以从地下的根茎萌发出来，这也就是为什么一棵较大的母株周围往往生长着年轻的小苗。

果

这棵短叶丝兰挂着成熟的果实。一部分果实会被丝兰蛾幼虫吃掉，而没被吃完的种子就会长成新的小苗。

叶

叶子可长达 40 厘米，呈宝剑状，顶端尖锐，叶缘有锯齿。

→ 你知道吗？

莫哈韦沙漠位于美国加利福尼亚州东南部，纬度较高，气温较低，约书亚树是莫哈维沙漠的代表性植物，位于这里的约书亚树国家公园就是以这种植物来命名的。

植物小档案

短叶丝兰（约书亚树）

- -

科属：天门冬科丝兰属
栖息地：沙漠、平原、石头坡
分布范围：美国西南部

短叶丝兰的根系及储水器官甚至可以伸至地下 10 米深处的水源。它还拥有第二套根系，这套根系接近地表，便于其吸收雨水。

刺毛黧豆

花

花朵的色彩从紫色到蓝色，长2～3厘米，形成短短的、垂挂着的圆锥花序。身披刺毛的荚果就从这些花中孕育而来。

不舒服

这些细小的绒毛实在令人头疼。它们很容易在空气中传播，造成令人难受的皮肤瘙痒。

刺毛黧豆是一种草本攀缘植物，可长到18米高。它在热带地区被广泛用作动物饲料，要么被放进青贮窖，要么晒干后用作干草饲料。种子烘烤后可以代替咖啡豆，嫩枝和豆子可以煮着吃。

小心，会发痒！

荚果上密布着非常细的绒毛，这些绒毛一碰就会脱落。人一旦接触这种绒毛，毛里所含的黏液蛋白就会刺激人的皮肤，导致难以忍受的瘙痒。新的人工栽培品种没有这些刺痒的毛，采收起来就方便多了。

治愈之豆

多巴胺是一种神经递质，对神经传导很重要，因而对于人体肌肉控制也不可或缺。由于缺乏多巴胺，帕金森病患者的肌肉变得僵硬并不断颤抖，肢体运动会出现紊乱。而刺毛黧豆含有一种与帕金森病患者所缺递质近似的物质，作为有可能治疗帕金森病和其他神经疾病的药用植物，刺毛黧豆正在被深入研究。

荚 果 ➤

在莫桑比克，野生的刺毛黧豆有时会被当地的居民烹煮食用。

有 毒

刺毛黧豆的嫩荚和种子有毒，必须经过长时间浸泡并煮熟，毒素才会被破坏。

➤ 豆 子

植物小档案

刺毛黧豆
- - - - - - - - - - - - - - - - - -
科属： 豆科油麻藤属
栖息地： 森林边缘
分布范围： 亚洲、非洲和南美洲的热带地区

咖 啡

种植园

咖啡花
这些白色的小花结出了咖啡果实。咖啡浆果外层是果肉，里边通常包含两粒种子。

浆果

咖啡的生产费时费力。先要去除果肉和果核上附着的薄膜，再根据个头大小和质量高低对咖啡豆进行分类，随后才能烘烤。

植物小档案

咖 啡
- - - - - - - - - - - - - - - - - -
科属：茜草科咖啡属
栖息地：雨林、种植园
分布范围：热带和亚热带地区

咖啡果实
果实在咖啡树上一颗颗紧紧地生长在一起。不同的颜色表示着果实不同的成熟阶段。

对许多人来说，新的一天是从一杯热气腾腾的咖啡开始的。咖啡除了富含各种芳香和呈味物质之外，还含有咖啡因。咖啡因是一种植物毒素，植物用它来驱赶昆虫和其他啃食者。然而，咖啡因对于人类却有着振奋精神的功用。咖啡属植物超过 90 种，其中只有一小部分的果实被加工成咖啡豆。咖啡豆中最著名的是阿拉比卡咖啡豆和罗布斯塔咖啡豆。

咖啡树的故乡

咖啡树最早源于非洲，更确切地说，是来自埃塞俄比亚高原的咖法地区。时至今日，野生的咖啡树仍然在埃塞俄比亚自在生长。15 世纪时，在阿拉伯半岛的也门地区，人们就已经开始种植咖啡，从此，由烘烤过的咖啡豆制成的饮料迅速在整个阿拉伯地区风靡起来。16 世纪时，咖啡传到了奥斯曼帝国，其中包括今天土耳其的部分地区。17 世纪，咖啡终于传到了欧洲。欧洲人彼此邀约，前往咖啡馆里享用咖啡。

猫屎咖啡

如果要获得某种特别风味的咖啡，就得靠印度尼西亚的麝香猫（学名为椰子狸）了。麝香猫虽然是食肉动物，但它们也喜欢吃咖啡树的果实，然后将种子排泄出来。在麝香猫的消化道里，种子表面被轻微消化，这一过程改变了的咖啡豆的风味。以前，人们在野外收集麝香猫的排泄物，但今天，麝香猫通常像农场牲畜一样被人工饲养，以咖啡果实为食。将获得的豆子进行清洗和烘烤，这就得到了罕见的、受人追捧的 Kopi Luwak，也就是 "猫屎咖啡"。

昂贵的咖啡

印度尼西亚的麝香猫会吃咖啡果实，再将消化不了的坚硬种子排出体外。1 千克烘焙好的 "猫屎咖啡豆" 售价高达 200 欧元（约合人民币 1570 元）！

可可果

可可

可可树

可可树是一种林下树，喜爱阴凉。

巧克力的主要原料是生长在热带雨林中的野生植物——可可。可可树的果实十分沉重，长在较粗壮的树枝上，根据品种和成熟度的不同，有黄色、橙色、褐色和紫色。每个果实含有 20 ～ 60 粒种子，即可可豆。

热带之树

可可树可长到 15 米。在其最初的自然环境——热带雨林中，可可树拥有茁壮成长所需的一切：充足的水、高温、不被阳光直射。它在大树的树荫下长得最好，因此，在种植园中种植可可时，必须同时种植"可可妈妈"。这指的是可以遮阳的高大植物，比如香蕉树、杧果树或椰子树。

食用可可

把可可豆做成美味，中美洲的人们早就知道啦。他们种植可可树，从果实中获取种子。这些从果实中获得的种子会先经过发酵，再放到阳光下晒干。碾碎成粉的可可豆，加入其他香料，比如辣椒和香草，就可以用于制作饮料了。过去，中美洲的人们在供奉诸神这种特殊场合，就能享用这种饮料。包裹着可可种子的甜甜的果肉还可以发酵成酒精饮料。

植物小档案

可可

- -

科属: 锦葵科可可属
栖息地: 热带雨林、种植园
分布范围: 热带地区

可可花

小小的蠓虫在可可树花蕊中穿梭，帮助花朵传粉，然而只有一小部分花能成功受精。为了提高产量，种植园主会额外进行人工授粉。

巧克力

当可可来到欧洲时，人们加入糖，把它做成了甜的可可饮料。直到 19 世纪，人们才生产出了固体巧克力。

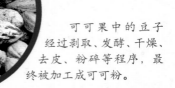

可可果

可可果皮革般坚韧的外壳内是一瓣瓣白色的果肉，种子就藏在这些黏滑的果肉里。

可可果中的豆子经过剥取、发酵、干燥、去皮、粉碎等程序，最终被加工成可可粉。

母 菊

传 粉

母菊的花朵主要依靠蜜蜂和熊蜂传粉，它也是一些蝴蝶幼虫的食物。

花 篮

头状花序

一个头状花序由100余朵单独的花组成，某些情况下甚至可达900朵。随着花朵开放时间渐长，白色的苞片日渐耷拉下来。

母菊有一个更为人熟知的名字——洋甘菊。它生长在休耕地、耕地和野草地上，植株可达半米高，通常在5月至9月开花。母菊属于菊科。大家第一眼看见的母菊的花其实是伪花，它真正的花很小，一个花头里平均包含约100朵花，花头四周环抱着白色的苞片。

药 草

母菊是一种古老的药草，即使在今天，也几乎能在每个家庭中找到。它的药效包括抗炎和缓解痉挛。母菊可以制成茶或酊剂，用于缓解胃痛或减轻感冒症状。人们能从它的叶子和花中提取出具有治疗作用的精油和其他活性成分。所以人们会特意种植母菊。当然，你也可以在野外采集母菊，不过可别把它和其他小菊花混淆了，比如短舌匹菊或者新疆三肋果，这些植物倒也无毒，不过也没有治疗效果，闻起来也没有母菊特有的香味。

传 播

受精的花发育成瘦果，母菊通过这些果实成功得以传播。

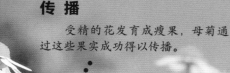

采收母菊

作为一种药用植物，母菊被广泛种植。

植物小档案

母菊（洋甘菊）

科属： 菊科母菊属

栖息地： 荒地、耕地、田地

分布范围： 亚洲、欧洲、北美洲、澳大利亚

猪笼草

有花植物

猪笼草属的植物会发育花序，通常为总状花序，少数为圆锥花序。它的花靠甲虫和苍蝇传粉。

东南亚加里曼丹岛的热带雨林里，土壤贫瘠。和所有的热带雨林一样，这里每天都有阵雨，雨水不断冲刷着土壤。因此，植物普遍缺乏养分，尤其缺乏氮和磷。好在雨林中遍布昆虫和其他较小的动物，谁能成功捕获这些动物，谁就能解决自己的营养问题。

致命陷阱

猪笼草像花萼一样挂在树上，或者像杯子一样立在地上。这一属的植物形状不同，大小各异，但它们的工作流程却大同小异。甜美的花蜜、鲜艳的色彩，猪笼草给昆虫带来了致命的诱惑。它们的捕虫笼的笼底会分泌消化液，这些消化液来自笼底的腺体。如果一只较小的动物来到笼口边缘，比如一只甲虫，那它可就危险了。笼口的边缘覆盖着一层蜡质物质，十分光滑，潮湿时尤其滑溜。小动物很容易失足滑进消化液中。最大的猪笼草物种的捕虫笼能装下超过1升的消化液！

蜜汁陷阱

这个小笼子里装着它的消化液。

1

2

3

猎 物

食虫植物

猪笼草❶不是唯一的食虫植物，北美洲的瓶子草❷会散发出腐肉的臭味，以引诱苍蝇进入陷阱；而捕虫堇❸的叶子会分泌像胶水一样的黏液和消化液，将较小的昆虫粘住，然后消化掉。

这真是一家好幼儿园!

蛙

一些蛙类在猪笼草的捕虫笼中抚养后代。猪笼草强酸性的消化液不会伤害到蝌蚪，因为蝌蚪有皮肤表面黏液的保护。

➡纪录 1000 只

一小时之内，白环猪笼草的捕虫笼就能捕获超过1000只白蚁。这一纪录意味着这种猪笼草可能是世界上最贪吃的植物。

美味的白环

白环猪笼草的捕虫笼笼口附近生长着一圈白色的富含蛋白质的美味边环，专门用于引诱白蚁，白蚁用这种美味的白环喂养后代。如果白蚁"侦察员"碰巧发现了一株白环猪笼草，它会在回巢的路上留下气味。于是，成千上万的工蚁急忙上路了，它们从白环上切割下小碎片。白蚁们互相拥挤踩踏，总有好些会跌入消化液中。

笼中安家

年龄较大的猪笼草所含的消化液较少，因此，蝌蚪、青蛙和小螃蟹可以在它们的笼中生活。捕虫笼边缘处经常有蟹蛛定居，它们可以在这里捕获猎物。一旦遇到危险，这种小蜘蛛就会攀着蛛丝把自己吊在捕虫笼里，在那里躲上几分钟。

二齿猪笼草甚至驯养弓背蚁当"卫兵"。在猪笼草笼蔓和捕虫笼相接的部位，弓背蚁在中空的笼蔓中钻了个洞，安下了家。猪笼草通过两个齿状腺体向弓背蚁提供花蜜；作为回报，弓背蚁保护猪笼草免受一种非常特殊的捕食者——象鼻虫的侵害。弓背蚁能在捕虫笼边缘安全爬动，因为它们的脚上有黏性蹼片。它们甚至可以潜入笼中的消化液里，捞出猎物。不过猪笼草可以容忍这种偷窃——因为弓背蚁的粪便也会为它施肥。

在这儿睡得真舒服!

哈氏长毛蝙蝠

哈氏长毛蝙蝠这种哺乳动物也在猪笼草里安家了。这种蝙蝠白天睡在捕虫笼里，以避开光线和捕食者。到了夜间，它们便出门捕食昆虫。蝙蝠的排泄物可以给猪笼草施肥。

别来打扰我!

山地树鼩

加里曼丹岛的这种猪笼草并不捕食昆虫，而是用它的蜜汁吸引山地树鼩。这只山地树鼩紧紧抓住捕虫笼的边缘，从中啜饮着甜美的蜜汁。而一旦它需要排泄，捕虫笼也是"方便"的好地方。猪笼草也借此获得至关重要的氮元素。

美洲木棉

美洲木棉的树干外观像个瓶子，先是笔直向上生长，然后形成一个巨大的树冠。美洲木棉能长到40~70米高，往往会高高耸立在热带雨林的树冠层之上。中美洲的玛雅人把木棉树当成一种神树，认为它的根部伸向冥界，树干代表人类居住的世界，树冠伸向天穹。这种树往往被视为村庄的中心，受到保护，不允许砍伐。

木之棉

木棉树未成熟的绿色果实也可以食用，不过人们大多时候还是会等到果实完全成熟，然后用手或用竿子采收。它的果实为蒴果，含有种子和毛茸茸的绵毛。种子榨出的油可用作食用油或加工成肥皂。绵毛外层有一层薄薄的蜡，因此不适合纺纱。这种可以承重和防水的绵毛中空纤维曾被用来填充救生圈和救生衣。

花和果

木棉花①凭借鸟类传粉。花朵会结出纺锤形的果荚②。这些革质蒴果有15～30厘米长，含有约100颗棕黑色的圆形种子。种子上挂满了细细的绵毛，等到蒴果成熟，这些绵毛从蒴果中膨胀出来，看起来就像棉花③。

木棉树的树干中储存着水分，因此能熬过短期的干旱期。

刺

年轻的木棉树的树干和树枝上会密密地生长一层树刺，可能是为了防止猴子爬树偷果子。

树龄较长的木棉树长出了巨大的、数米高的板状根，为它们提供了必要的稳定支撑。

植物小档案

美洲木棉

科属：锦葵科吉贝属
栖息地：热带雨林、干旱地区
分布范围：热带地区

绿豆蔻

邀请

美丽的花瓣为帮助自己传粉的昆虫指引着通往蜜露的道路。

植物小档案

绿豆蔻

科属：姜科绿豆蔻属
栖息地：森林边缘、种植园
分布范围：热带地区

种荚

绿豆蔻的种荚含有不规则形状的种子，种子含有芳香精油。

绿豆蔻，又叫小豆蔻，是一种姜科草本植物，属于绿豆蔻属。可不要把绿豆蔻和香豆蔻搞混了，后者属于豆蔻属。绿豆蔻是草本植物，植株通常 2 ~ 5 米高，长着长长尖尖的叶子。人们种植绿豆蔻是为了获得它的豆荚，每个豆荚有 3 个果室，每个果室里都有几颗芳香的种子。豆荚会在成熟前被手工采收，这样就可以避免豆荚成熟后自动裂开，将宝贵的种子散落在四处了。

健康的调料

绿豆蔻的种子含有精油和其他成分，使其具有浓郁又辛辣的香气。在绿豆蔻的原产地印度，许多复合调味料中都有它的身影，比如玛莎拉粉和咖喱粉。在许多其他亚洲国家和阿拉伯国家的菜肴中，绿豆蔻也是一种广泛应用且重要的调料。在阿拉伯国家，人们常用绿豆蔻给咖啡添加风味。在欧洲，绿豆蔻被用来给姜饼和香料饼干调味。许多药物中也含有绿豆蔻种子的精油，这些药大多用于治疗消化系统疾病。可以说，绿豆蔻既是香料植物，也是药用植物。

➜ 你知道吗？

香豆蔻经火烘烤能获得烟熏风味。

叶和果

绿豆蔻细窄尖锐的叶子迎着光生长，可以长到 1.5 米高❶，而它的花序是从匍匐在地的侧枝上长出来的。花序会发育成荚果❷。

马铃薯

马铃薯，即我们熟知的土豆。人们爱吃马铃薯，吃法多种多样，煎的、盐水煮的、整个儿带皮煮的，还有土豆泥和薯条，等等。马铃薯的块茎在全世界都是重要的食物。然而，马铃薯植株的大多数部位都有毒，它们含有大量的茄碱——这种毒素可以帮助它们防御天敌。人类若大量食用含茄碱的植物，可能会食物中毒。只有生长于地下的马铃薯块茎含有的茄碱相对较少。不过，如果我们在日光下储存马铃薯，块茎也会变绿，从而变得有毒。马铃薯长出的嫩芽也有毒。因此，马铃薯必须避光储存。

马铃薯之灾

马铃薯起源于南美洲，传入欧洲后成为最重要的主食作物之一。不过，一开始欧洲人只是看中它美丽的花朵，把它当作观赏植物。后来，人们发现，它饱含淀粉的块茎具有很高的营养价值，而且非常丰产，马铃薯因而受到欢迎，并成为一种主食。有些欧洲国家一度完全指望马铃薯，对它产生了颇具风险的依赖，例如爱尔兰。爱尔兰曾经大量种植了两个品种的马铃薯，不幸的是，它们很容易染上马铃薯枯萎病，这是一种由真菌引起植物病害，最初引起叶子腐烂，天气潮湿的话，块茎也会受到侵害。马铃薯枯萎病在19世纪中期导致爱尔兰的马铃薯大量减产，引发了爱尔兰饥荒。许多人死于饥饿，几百万人背井离乡，远赴异国。

➡️ 你知道吗？

马铃薯原产于南美洲安第斯山脉。秘鲁的首都利马有一个国际马铃薯研究机构，那里的基因数据库储存着好几千种野生和栽培马铃薯品种的种质资源。

马铃薯叶甲

这种甲虫和它贪婪的幼虫来自美国的科罗拉多州，因此也被叫作科罗拉多马铃薯甲虫。

花

如今，马铃薯是一种口粮作物。而它刚从南美洲来到欧洲的时候，却是因为这些或洁白或粉紫的花朵可用于观赏，因而颇受珍爱。

果

马铃薯的果实是浅黄色的浆果，里边含有两个或三个种室。

深埋其下

我们吃的不是这些浆果，而是生长在土壤中的块茎。

植物小档案

马铃薯

科属：茄科茄属
栖息地：田野、花园
分布范围：温带地区

马铃薯芽

新的嫩枝从块茎发的芽中生长出来。

橡胶树

植物小档案

橡胶树

科属: 大戟科橡胶树属
栖息地: 热带雨林
分布范围: 南美洲、东南亚、科特迪瓦等地

胶乳

天然橡胶

如今,橡胶树生长在种植园中。人们将它的树皮小心割开,把流出的胶汁收集到容器中。这种乳白的树汁也被叫作胶乳。

橡胶树是一种可以长到40米高的原始丛林树种。树皮下面是柔软的韧皮部,乳白色的胶乳就在这里分泌,这里流动的白色乳汁,其成分除去水,大部分都是橡胶。割破树皮,就能收集到这牛奶般的汁液。早在西班牙人和葡萄牙人来到南美洲之前,南美洲的原住民就知道这一点,他们把这种树叫作"cau-uchu",意思是"哭泣的树"。人们把这种黏稠的乳白色汁液擦在脚底,用以保护双脚,隔绝潮湿,避免感染。中美洲的玛雅人还把橡胶制成橡胶球,他们会开展这样的球类比赛。

橡胶之昨日

这种橡胶早期可用于制作防水服。只是这些橡胶衣服会发臭,而且一开始会很黏,随着时间的推移又会变得很脆。到了1839年,美国人查尔斯·固特异发明了一种工艺,利用硫黄和火将天然橡胶制成耐用的硫化橡胶。于是,人们对橡胶的需求开始增加,而当时只有巴西才有橡胶。很快,巴西的橡胶大亨瞬间富可敌国,甚至在丛林深处建起了一座歌剧院!据说英国人亨利·威克姆在1876年从巴西走私了数千颗橡胶种子。

橡胶之今日

英国人用这些种子培育幼苗,他们在东南亚占据的殖民地上开辟橡胶树种植园,打破了巴西的橡胶垄断。今天,马来西亚、印度尼西亚和泰国都是橡胶的主要生产国。尽管石油中也能制作合成橡胶,但化学家们还没能使之成功地完全取代天然橡胶。汽车和飞机轮胎、橡胶手套、医疗软管和热气球中仍然含有一定比例的天然橡胶。

干燥的橡胶

多用途的橡胶

一直到今天,化学家们都还未能研制出天然橡胶的代替品。只有一定比例的天然橡胶才能赋予轮胎人们所需的性能。

欧洲赤松

典型的松树

细长的、成对生长的针叶，以及小小的、锥状的松果，这就是松树的典型特征。

← 松果

植物小档案

欧洲赤松

科属：松科松属
栖息地：针叶林、休耕地
分布范围：欧洲、西伯利亚

与这株独立的松树不同，欧洲的松树往往是种植在单一品种的经济林中的。这些树木通常在80～140岁树龄时被砍伐。

全球已发现的10属230余种松科植物，几乎都只在北半球发现，很少有松科植物长在南半球。欧洲中部最常见的松树品种是欧洲赤松，它通常可长到20～30米高，树形差异很大。有些树有窄长的圆锥形树冠，还有的松树树冠舒展，甚至可呈伞状。欧洲赤松的寿命可达600年。

先锋植物

在大约1万年前，末次冰期结束后，松树与桦树、欧榛一起，逐步扩张到了中欧的大部分地区。后来，这些森林被橡树和水青冈挤压取代。直到中世纪末，欧洲人才开始在休耕地上种植松树，因为松树可以很好地适应贫瘠的土壤。而在较肥沃的土壤上，自然生长的松树却无法与快速生长的落叶树竞争。松树占据这么高的树种比例，更多是人为因素导致的。

➡ 纪录

5000岁

生长于美国加利福尼亚州的一棵大盆地刺果松已经快5000岁了。它因此成为世界上最古老的树木之一。为了保护它，它的具体位置是保密的。

嫩枝

松树"开花"

松树每年都会抽出新芽，上边长着一对一对3～8厘米长的针叶，形成了针簇。松树雌雄同株，也就是说它既开雌球花❶，也开雄球花❷。黄色的雄球花位于嫩枝的下部，红色的雌球花开在顶端。

会飞的种子

松果成熟后，干燥的日子里，鳞片会打开，轻盈的种子就会从中飞出。种子可以飞越很长的距离。作为需光种子，植被低矮的休耕地是它们所喜爱的。这些特点使松树成为一种先锋植物。

欧洲甜樱桃

我们爱吃的车厘子实际上就是人工栽培的欧洲甜樱桃。野生欧洲甜樱桃和人工栽培欧洲甜樱桃的主要区别在于其果实的大小：人工栽培的果实比野生的果实大。欧洲酸樱桃又是一个完全不同的物种，它的果实尝起来是酸的。欧洲甜樱桃和人工栽培出的车厘子的果实则是甜的。

糖腺

仔细观察一下欧洲甜樱桃树的叶子，你一定会有收获。欧洲甜樱桃的叶柄上有一些腺体，会分泌出甜美的汁液，为蚂蚁提供食物。作为回报，蚂蚁会吃掉害虫的幼虫，帮助樱桃树免遭虫害。一株欧洲甜樱桃受到食叶害虫的侵害越严重，就会长出越多的糖腺。

樱桃核夹子

许多鸟类都爱吃果肉。然而，锡嘴雀会用它有力的喙咬裂果核并吃掉种仁。

传播

许多喜欢吃水果的鸟类会把吞下的樱桃核再排泄出去，这就促进了樱桃的传播。种子一旦发芽，就会长出一棵新的樱桃树。樱桃树还有另一种传播方式：它接近地表的根系可以发芽，所以，离母株不远的地方就长出了子株。

樱桃木

欧洲甜樱桃的木材，特别是带红色的心材非常珍贵。人们用它制作家具和木地板。此外它还用于制造乐器，比如长笛。

在不同的海拔高度，欧洲甜樱桃通常会在4月初到4月末这段时间里迎来花期。每逢此时，蜜蜂、熊蜂和其他昆虫纷纷前来传粉。

甜樱桃还是酸樱桃？

欧洲酸樱桃 ① 果实较小，吃起来很酸。人工栽培的车厘子 ② 甜得多，个头也更大，它们由野生的欧洲甜樱桃培育而来。

核果

红色的果肉里藏着一颗坚硬的果核，因此我们说樱桃是核果。

植物小档案

欧洲甜樱桃

科属：蔷薇科樱属
栖息地：落叶混交林、森林边缘、树篱
分布范围：欧洲温带地区、中亚

樱桃花

植物专业的大学生们曾经在一棵单独生长的樱桃树上数出了大约100万朵花！

虞美人

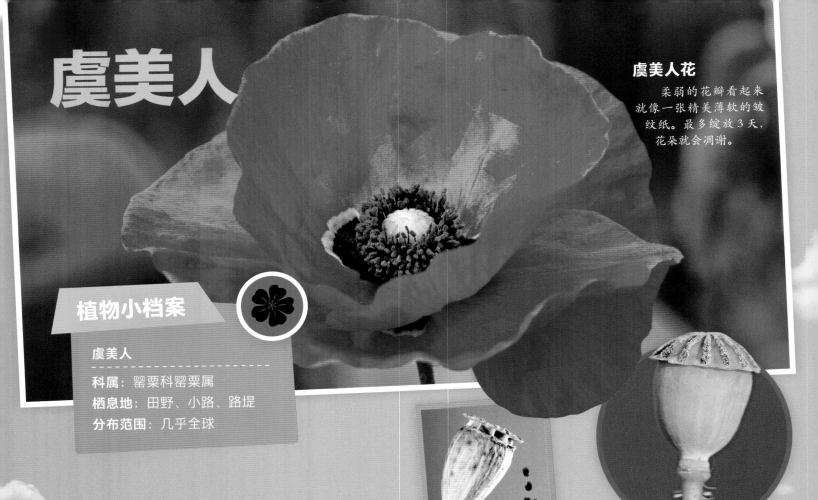

虞美人花

柔弱的花瓣看起来就像一张精美薄软的皱纹纸。最多绽放3天，花朵就会凋谢。

植物小档案

虞美人

科属：罂粟科罂粟属
栖息地：田野、小路、路堤
分布范围：几乎全球

花籽

当风吹动虞美人的茎，成熟的种子就像胡椒粉从胡椒罐中撒落。

种荚

授粉后，子房发育成一个蛋形的种荚。图中的这个蒴果还是绿色的，紧紧闭合着，因为种子还没有成熟。

自从人类从事农业生产以来，开着醒目红花的虞美人就在地球上的大部分地区蔓延生长。它的种子混杂于谷类种子之中，每当人们开垦出新的粮田并播种，它也随之被四处播撒。虞美人原产于亚欧大陆，但今天，它已经遍布世界各地。

田间野花

虞美人是最显眼的田间野生植物之一，在历史进程中，它逐步适应了人类的农耕。然而，如今的除草剂等化学药剂正在逼退虞美人和其他田间野生植物。特别是现在种子的清洁工作做得更好，几乎混不进去别的种子了。这些植物的消失也威胁着传粉昆虫，如蜜蜂和蝴蝶，同时也威胁着在这些野生植物上生活或者以其为食的蜘蛛。

生存大师

与其他一些耕地野生植物相比，虞美人可谓相当不挑剔，因而很容易在各种地区生根发芽。这些微小的种子可以传播到很远的地方，在新建的路堤、休耕地、瓦砾堆、铁路、工地上一再出现。这些地方还未长出较高大的植物，虞美人也就不必与之争夺阳光。虞美人种子是需光种子，需要大量的阳光。

红与蓝

虞美人植株高度为20~80厘米。它的红色花朵非常醒目。虞美人生长的粮田里往往也有蓝色矢车菊。

古柯

植物小档案

古柯

科属：古柯科古柯属
栖息地：山坡、种植园
分布范围：亚洲、南美洲和非洲部
分地区

麻醉剂

南美洲一些国家的居民，数千年来一直咀嚼古柯叶，或饮用一种用古柯叶制成的茶。如今在许多国家，古柯是被禁止种植的。

古柯种植园

古柯种植园中的古柯用来制药，由国家严格管控。

➜ 你知道吗？

在19世纪末到20世纪初，人们甚至可以购买到含有可卡因的治疗牙痛的药！

过去，南美洲的一些国家大量种植古柯树。不过那里的农民对树上结的果实可不感兴趣，他们看重的是古柯树那浅绿色的叶片。安第斯山脉的人们直到现在还把古柯叶与草木灰一起咀嚼，正如他们2000年前的祖先那样。

南美洲的人们认为咀嚼古柯叶能抵抗饥饿，振奋精神。而且，人们还相信古柯叶能帮助缓解胃痛、炎症和高山病。早在古印加人那里，古柯树就已经被视为神圣的植物。他们的信使奔赴各地传递重要消息时，总是随身带着一袋古柯叶。人们旅行的距离通常是以所需的古柯叶数量来衡量的。

禁用的物质

西班牙殖民者让银矿工人咀嚼古柯叶，在田间劳作的非洲奴隶也咀嚼古柯叶。19世纪中叶，人们首次通过化学方法从古柯叶中提取到了活性成分可卡因。精神病学家和军事机构对这种白色粉末振奋精神的作用开展了实验研究。在医疗中，它被用作局部麻醉药或血管收缩剂。在不当的使用下，可卡因则成为一种危险的毒品。

古柯叶

古柯树的浅绿色叶子味涩，微苦。

古柯的花朵白而微黄，每朵花有5个花瓣，花朵会长成核果。

古柯的果实是蛋形的红色浆果。

椰 子

椰子树喜欢生长在温暖的海滩上，它们在海风中摇摆，甚至能抵御最强烈的风暴。椰子树的树干富有弹性，可以弯曲而不断裂。椰子时不时掉到地上，就地生根发芽；或者被海浪冲到海里，随着洋流漂到几千千米以外。椰子一旦被冲上陆地，它就会迅速发芽，渐渐长成一棵高达 30 米的椰子树。在海洋的推波助澜下，椰子树已经遍布整个热带世界。

有用的椰子树

19 世纪末，欧洲人发现了椰子树的许多用途。它既可以是食物，也可以为制作染料、篮子和地毯提供原料。当然，早在欧洲人之前，热带地区的人们就开始利用椰子树了。椰子纤维可以加工成绳索和垫子；树叶被用来覆盖房屋，制作篮子和扫帚，干燥的树叶还可用作燃料；果肉干燥后就变成椰肉干，可以用来生产动物饲料、肥皂和人造黄油。

椰肉干

沿海地区的人们正在制作椰肉干。他们把椰子打开，放在太阳下晒干。

➡ 你知道吗？

椰子树常常向着海里伸展枝干，这样就能让自己的果实直接落入水中，开始它们漫长的海上之旅。从大海进入河流后，顺着河流的走向，椰子甚至可以扎根在内陆距海150千米的地方。

植物小档案

椰 子

科属：棕榈科椰子属
栖息地：海滨、种植园
分布范围：热带地区

不是坚果

椰子树的果实是核果。它的硬核是由纤维组织和革质的绿色外皮构成的。

发 芽

当椰子完成漫长的海上航行，终于来到陆地，它就可以发芽了。种子首先在壳内发芽，然后从顶部 3 个发芽孔中的 1 个长出来。

大花蛇鞭柱

植物小档案

大花蛇鞭柱

科属：仙人掌科蛇鞭柱属
栖息地：疏林
分布范围：中美洲、加勒比地区

一团乱麻

在绝大多数时间，这种顶着"夜皇后"美名的植物只是一堆外表丑陋、身披利刺的蛇状怪物。

蓓蕾

壮丽的花朵

大花蛇鞭柱的花径可达 30 厘米，且花开仅仅持续一晚。整个过程如此珍贵，以至于人们想亲眼观察到花开花谢。花朵会散发出好闻的花香。

这种混乱盘结的仙人掌，植物学学名叫作 "*Selenicereus grandiflorus*"，字面意思是"开大花的月亮仙人掌"。大多数时候，人们只能看到该植物细长、纠缠的灰绿色枝条。这些枝条粗约 2.5 厘米，可以攀上几米高的树木或岩石。凭借气生根，它还能依附在宿主植物上，从已枯死的植物枝杈上的腐殖质中汲取营养。因此，作为附生植物，它的存活倒也不损害宿主植物。和所有仙人掌一样，它也用利刺保护自己。

夜皇后

春天，最早萌发的蓓蕾出现在了仙人掌上。但要想欣赏花朵开放，人们必须时刻警觉。要知道，这种植物俗称"夜皇后"，花朵仅仅绽放一晚。整个白天，花朵都紧紧闭合，只有当黄昏降临，它们才会绽开，展示出花径 30 厘米的壮丽花朵。花朵中心是白色花瓣，外层则是黄色的。每当这时，大花蛇鞭柱的种植者哪怕不眠不休都不想错过这场表演。午夜时分，花开达到最盛，而太阳升起时它又将凋谢。

美味的果实

目前我们还不知道到底是哪些动物来为花朵传粉。可能是夜行性的蝙蝠以及以花蜜和花粉为食的蜂鸟和猴子。花朵会发育成白色至红色的火龙果，动物和人都喜欢享用这种美味。

矢车菊

蜜蜂、食蚜蝇和各种蝴蝶为矢车菊的花朵传粉。

矢车菊与虞美人都是著名的田间野生草本植物。罗马神话中掌管农业的女神色列斯就把矢车菊戴在发间。矢车菊花朵那深邃的蓝色以及外层花瓣向四周伸展的形状，使它在许多文化中都被用于装饰。古埃及人把矢车菊赠予死者，陪同死者踏上前往彼岸之路。1922年，当著名法老图坦卡蒙的木乃伊在帝王谷被发现时，他衣服的花卉形衣领上就有矢车菊的形象。

蓝色花朵

位于花朵外层边缘、较大的蓝色舌状花并不具繁殖能力。耀眼的蓝色花瓣在阳光下闪动，反射着能被昆虫看到的紫外线。用这种方式，它们吸引来了传粉者。花朵里较小的管状花才是具有繁殖能力的，一经授粉，就能结出非常特殊的种子。

蚂蚁和冠毛

受精的管状花孕育果实，即所谓的瘦果。矢车菊的种子顶端长着一丛冠毛。冠毛可以吸水，吸水后会直立起来；而缺水干燥时，冠毛会向旁边扩散张开。在干湿反复交替的情况下，通过这种方式，种子能一点点钻入土壤；种子还可以在土壤上匍匐前进，自行传播。此外，种子上还附带一个营养丰富的油质体，蚂蚁用它来喂养自己和后代，它们会带走矢车菊的种子，从而确保了矢车菊的传播。

近年来，麦田里的矢车菊越来越少见了。一旦过度使用化肥和杀虫剂，矢车菊的生存环境就会变得极为恶劣。

每根分枝的茎上都长着多个花蕾，开出绚丽的蓝色花朵。

天气干燥无雨时，这些冠毛会散开成伞状，方便风把种子带走。

瘦果

植物小档案

矢车菊

- -

科属： 菊科矢车菊属
栖息地： 麦田边缘、休耕地、荒地
分布范围： 几乎全球

南瓜

南瓜的茎或在地面匍匐，或向高处攀爬。

人工栽培的南瓜大小不同，颜色各异，形态多样。尤其是观赏南瓜，常常奇形怪状、颜色稀奇。

美洲南瓜是5种人工栽培南瓜之一，很可能起源于美洲中部。

南瓜，以及其他葫芦科植物，比如西葫芦、甜瓜和黄瓜，有时吃起来味道发苦，如果遇到这种情况，你得立即吐出嘴里的瓜肉，不能继续吃了，否则会有中毒的危险，甚至可能致命。这种苦涩的毒素叫作"葫芦素"，是葫芦科植物自我防御、防止被吃掉的秘密武器。野生南瓜和观赏南瓜直到今天仍然保留着这种防御本领。食用南瓜和西葫芦原本含有这种毒素，但已经被人们通过育种去除了。不过，如果你在自家花园里种南瓜，这就可能有点麻烦，毕竟你无法知道它们是否曾被有毒的野生亲戚授过粉。万一如此，用这些种子播种出来的南瓜就会含有较多毒素。所以，

要想种南瓜，不应使用自己花园里的南瓜所结的种子。这也是为什么有经验的厨师会尝一口生南瓜，因为这种毒素无法通过水煮或油煎被破坏。

人类拯救南瓜

在末次冰期，猛犸象和大地懒等巨型哺乳动物在南瓜的原产地——北美洲，靠着南瓜作为口粮，有惊无险地活了下来，南瓜子也因此得到了传播。到了大约12000年前，随着冰期的结束，北美洲几乎所有的巨型哺乳动物都灭绝了，南瓜本应也随之灭绝，幸好人类开始培育苦味更少的南瓜，使它存活至今。

难以置信！

在2016年的一场比赛中，一只重达1190.5千克的南瓜创下了世界纪录！这么大的庞然大物，味道已经乏善可陈，不过它的种子可以卖出高价。

➡ 你知道吗？

万圣节时把南瓜挖空，并在上面刻上"可怕"的面孔，这种习俗几乎传遍了世界。最开始，爱尔兰移民将这一传统带到美国，又从美国传回欧洲，走遍世界。

植物小档案

南 瓜

科属：葫芦科南瓜属
栖息地：干旱地区、森林、花园
分布范围：几乎全球

欧洲落叶松

雌球花

雄球花

两只小猫头鹰坐在一棵落叶松上。它们还是猫头鹰宝宝的时候就离开了巢穴，此后就会坐在树枝上，等候它们的父母喂食。

今天天气真好！

落叶松属包括大约15个种。落叶松是一种要求不高的先锋植物，甚至可以适应岩石和霜冻环境。落叶松原产于亚欧大陆和北美洲的原始森林，它们也被种植在人工森林中。虽然落叶松属于针叶树，但是它针状的叶子到了秋天还是会变色，先变成金黄，然后脱落。欧洲落叶松原产于欧洲。

木材和树脂

落叶松生长迅速，木材却致密而坚固。在欧洲本地的针叶木材中，它是最重、最珍贵的木材，可用作建筑材料和家具木材。由于这种木材浸渍着树脂，所以它特别适合用于修建水管、造桥和造船。过去的水管也是用落叶松木制成的，同样使用这种木材的还有浴缸、浴盆和黄油罐。落叶松制成的瓦片可用来覆盖屋顶。

人们可以从落叶松的树干中提取松节油，可用作溶剂，也可入药。落叶松的松节油，也叫威尼斯松节油，在创作油画时备受画家推崇。

落叶松雌雄同株，每棵松树上都结出两种球果。红色的雌球花①向上直立，硫黄色的雄球花②只有雌球花的大约一半大小，朝向下方。早在针叶发芽之前，球花就长出来了。

球果

带翅膀的种子在球果中发育，到了秋天就会成熟。即使种子已经全部飞离球果，球果仍在枝头，并不脱落。只有在多年后，枯枝才会带着球果一起脱落。

欧洲落叶松源自阿尔卑斯山的高海拔地区。落叶松林在秋季将山丘染成金色；进入深秋，落叶松的叶子开始脱落。

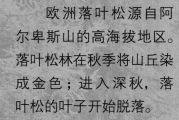

植物小档案

欧洲落叶松

科属： 松科落叶松属
栖息地： 高海拔森林
分布范围： 欧洲中部、中亚部分地区

狭叶薰衣草

薰衣草属包括 25 ~ 30 种植物。狭叶薰衣草，又叫真正薰衣草，就是其中一种，人们把它种在花园里作为观赏植物；或者在田间大范围种植，从中提取芳香油。薰衣草的名字可能来自拉丁语 lavare，意思是"洗沐"，因为古罗马人和古埃及人已将这种植物用作沐浴添加剂。时至今日，薰衣草的香味一直代表着清新和清洁。

普罗旺斯的集市

在法国南部，人们可以买到新鲜的薰衣草花束，也能买到薰衣草精油和芳香喷雾。

芬芳四溢的薰衣草

狭叶薰衣草是一种披着绒毛，形如毛毡的灌木植物，可长到 80 厘米高。它的花朵呈浅粉色至蓝紫色，散发着芳香，每当阳光明媚时，就强烈地吸引着蜜蜂、熊蜂、蝴蝶和其他昆虫。西班牙、保加利亚、德国、中国、日本和塔斯马尼亚都有种植。然而，最著名的薰衣草种植地还是法国普罗旺斯。除了狭叶薰衣草之外，那里还种植了醒目薰衣草——由狭叶薰衣草和穗花薰衣草杂交而来的品种。

用途多样的薰衣草

薰衣草的花枝顶端在新鲜时就被切下，最多再经过干燥，就被置于蒸汽上蒸馏，得来的蒸汽就含有芳香精油。待到蒸汽冷却，就可以得到薰衣草花水和漂浮其上的更轻的精油。薰衣草油可用于制造香水、沐浴露、身体乳、肥皂和洗涤剂。

薰衣草在厨房里也能大显身手。厨师用薰衣草的嫩叶和嫩芽，给菜肴或调料增添风味。

花

薰衣草的花又香又美，非常珍贵。在普罗旺斯，薰衣草也被称为蓝金。

➜ **你知道吗？**

在过去的瘟疫和霍乱时期，医生曾尝试穿戴斗篷和鸟嘴面具来保护自己。医生往鸟嘴里塞满芬芳草药，其中就有薰衣草，希望它们能够起到消毒作用。

植物小档案

狭叶薰衣草

科属：唇形科薰衣草属

栖息地：干燥、温暖的山坡

分布范围：地中海地区、非洲北部、中东地区、东亚等

吊瓜树

吊瓜树的果实、树皮和根都是非洲的传统药材。

大象喜欢吊瓜树肥硕的果实。

果 实

对人类来说，这种苦涩的果子不能食用，未成熟的果子甚至是有毒的。

吊瓜树产于非洲，长达 2 米的果柄上悬挂着小香肠一样的果实，非常好辨认。在非洲，人们从小就知道：千万不要在吊瓜树下过夜，也不能在那里睡觉！这些果实可重达 9 千克，一旦砸到人们身上，将造成巨大的伤害。此外，这些水果会吸引饥饿的大象，一起前来的还有非洲水牛和长颈鹿。

万能树

吊瓜树坚硬的木材可以用来制造小舟。同时，这种树在风俗仪式中也有重要意义，在位于非洲东南部的国家马拉维，人们把吊瓜树的果实挂在小屋的一角，据说这样可以保护小屋免受飓风灾害侵袭。在非洲的一些地区，该植物的一些部位可以药用，例如治疗皮肤病等疾病。

吊瓜树漏斗状的花朵只在傍晚开放，散发出一种对人类来说颇为不适的气味。不过蝙蝠不觉得难闻，它们从花朵中吮吸蜜汁，顺便给花传粉。

植物小档案

吊瓜树

科属： 紫葳科吊瓜树属
栖息地： 非洲大草原和干旱森林
分布范围： 非洲的大部分热带地区

独木舟

吊瓜树的木材在水中极其耐久，非洲博茨瓦纳的奥卡万戈三角洲的人们用它的树干打造小舟。

椴 树

椴树属包括大约 50 个不同的物种。在欧洲特别常见的是银毛椴、心叶椴和宽叶椴，这 3 个品种可以通过叶子来区分。银毛椴的整个叶片背面都长有银色的毛，正面是有光泽的绿色；心叶椴的叶子正面是深绿色，背面是蓝绿色，叶脉的脉腋下有橙褐色的毛丛；宽叶椴的叶子比心叶椴的叶子大，两面都长着毛。

远古而有用

对于石器时代的人们来说，树皮下富有弹性的韧皮部是一种重要的原材料，可以用来制作绳索、篮子和弓弦。欧洲最古老的木乃伊冰人奥兹所穿的鞋子，一部分就由椴树的韧皮制作而成，制鞋子的人用韧皮编织物将用于保暖的草层紧紧捆扎住。他的匕首装在椴树韧皮制成的刀鞘里，他携带的粗线也是椴树韧皮制成的。

叶

心形的椴树叶可以食用。

➡ 你知道吗？

椴树花含有丰富的花蜜和花粉。椴树花可用于生产蜂蜜、保健茶和散发着蜂蜜甜香的精油。

传说中的椴树

在著名的叙事史诗《尼伯龙根之歌》中，一片椴树叶成了猎龙英雄齐格弗里德的命门。这位英雄专门用龙血沐浴，以变得刀枪不入。不幸的是，由于沐浴时一片椴树叶粘在他的肩胛骨之间，于是这个部位依旧薄弱，正是这个弱点给齐格弗里德带来了死亡的下场。过去，日耳曼部落在椴树下举行议会和法庭会议，这事儿并非传说，有据可查。直到中世纪，法庭会议依然在椴树下举行。

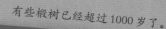

有些椴树已经超过1000岁了。

这是德国著名的阶梯椴树，这棵树是人们在 1752 年栽下的。

植物小档案

椴 树

科属： 锦葵科椴属

栖息地： 石灰质、沙质和黏土质土壤

分布范围： 亚欧大陆、北美洲

椴木很适合用于雕刻。许多木质雕像由它制成。

金鱼草

植物小档案

金鱼草

科属：车前科金鱼草属
栖息地：草甸、碎石坡、路边
分布范围：地中海地区

毛骨悚然

种子成熟后会通过种荚上的开口飞离，这些开口使种荚看起来像个骷髅头骨。

娇艳美丽

头状花序可由多达30朵花组成，金鱼草是很受欢迎的花园植物。

花

熊蜂力气很大，能挤开花的上、下唇瓣。

金鱼草属品种繁多，主要分布在地中海地区和北美洲。在欧洲中部地区，比如德国、奥地利和瑞士，金鱼草也被称为花园金鱼草。作为一种无毒好养的观赏植物，它已经在花园中站稳了脚跟，也从花园中散播出去，野化生长。它最喜欢阳光充足的地方，如路边、墙壁上和岩石之间。在它的原产地地中海地区，从西部的摩洛哥和葡萄牙一直到东部的土耳其和叙利亚都有分布。

花的嘴巴

金鱼草株高20～120厘米。花朵颜色鲜艳，从白色、黄色直到红色。花的"嘴"由一个上唇瓣和一个下唇瓣组成，它们紧紧地合在一起，只有个头大、力气足的昆虫才能享受到它的花蜜。金鱼草的花蜜聚集在下唇瓣的囊状隆起处，要想大快朵颐，昆虫得先把花的下唇瓣往下压。当昆虫钻入花的深处获取花蜜时，传粉就完成了。对于肥胖强壮的熊蜂来说，金鱼草是重要的食物来源。

缤纷悦目

金鱼草的花有白色、黄色、橙色、粉色和红色——单单没有蓝色。

知识加油站

▶ 金鱼草因花朵像金鱼而得名，它也叫龙头花、狮子花、龙口花、洋彩雀。

▶ 金鱼草全草可入药，有清热、消肿的功效。

蒲公英

蒲公英也叫黄花地丁。蒲公英十分醒目，因为它的黄色花朵从草地和牧场上高高擎起。这种植物的绿叶有粗大的齿状边缘。

吹蒲公英吧

黄色的花序由无数细小的舌状小花组成，这些小花共同形成一个盘状的头状花序。花期可持续数天，招引无数昆虫在蒲公英上采食，帮助传粉。最后，黄色的蒲公英花变成了一朵蒲公英绒球。吹一口气，送那些带着种子的小降落伞飞向天空，四处散落，从而让蒲公英开枝散叶，实在是非常有趣。

美味蒲公英

牛和羊，还有野生的食草动物，都喜欢吃蒲公英。它的叶子是兔子和豚鼠的上好美食。蒲公英的嫩叶也可以凉拌在沙拉中食用，黄色的花可以用来做美味的面包涂抹酱。甚至高档餐厅都供应蒲公英制成的菜肴。

蒲公英

年轻的蒲公英生命力旺盛，甚至从沥青路面中长出来，它还能从鹅卵石中间挤出，所以我们在道路和人行道上也能看到它。

蒲公英橡胶

天然橡胶是制作防护手套、床垫、汽车和飞机轮胎等不可缺少的原材料。俄罗斯蒲公英可能提供了一个新的橡胶来源。它又叫橡胶草，根部含有大量的白色乳状汁液，可以用来生产天然橡胶。俄罗斯蒲公英好种好养，对种植环境要求不高，甚至在较高的纬度也能生长，而且无须为种植园伐除树林。俄罗斯蒲公英也能生长在不适合种植粮食作物的土地上，因此也不必牺牲宝贵的耕地。

绒球花

春天，蒲公英长出花序，它的花序由许多细小的黄花组成，看起来就好像是一整朵花。在几周之后，这朵伪花孕育出会飞的种子，种子连着一根举着小伞的柄，小伞是由细细的绒毛组成的。

植物小档案

蒲公英

- - - - - - - - - -

科属： 菊科蒲公英属
栖息地： 草地、休耕地、碎石堆、河滩
分布范围： 北半球

小伞

风吹起这些轻盈的小伞，种子常常可以飞出上千米远。

铃兰

4月至6月，铃兰花绽放了它那洁白，有时略带粉红的花朵。娇小的花朵像一只只小铃铛，从花茎上一排排垂下。花朵含有芳香精油，散发出清新的香味。调香师从铃兰花中提取精油来制作香料。铃兰香水曾经非常流行，后来却慢慢被人遗忘。而今天，铃兰花的芬芳再次成为一些现代香水的组成元素。

有毒的铃铛

铃兰芬芳迷人，看起来无辜而美丽；然而，该植物全株都有剧毒，尤其是它的花和浆果所含的毒素最高。谁家里要是有儿童，就应该除去花园中的铃兰，以免发生意外。

野生的铃兰和餐用香草熊葱总是长在一起，它们都喜欢潮湿、阴暗的森林土壤。由于这两种植物的叶子相似，人们采野生熊葱的时候，有时会误采有毒的铃兰叶。铃兰的叶子没有熊葱的典型大蒜气味，只需用手指搓捏叶子，留意一下气味，就能区分它们。哪怕只是皮肤接触了铃兰花就能引起皮肤刺激，要是不慎吃了它的花、浆果或叶子，就可能出现恶心、腹泻、头晕、视觉障碍、脉搏加快和胸闷等症状，严重的中毒有时会导致致命的心脏骤停。

早春小花

铃兰花的主要花期是5月，有时一根枝条上能挂上超过12朵小铃铛。

植物小档案

铃兰

科属：天门冬科铃兰属
栖息地：落叶林、灌木丛、花园
分布范围：亚洲、欧洲、北美洲

有毒！

到了仲夏时节，红色的浆果挂满了铃兰枝头。它们也有毒！果子中包含3个种室，每个种室里有3～6枚种子。

中毒了该怎么办？

万一中毒，请务必跟医疗急救中心打电话，并向医生详细描述该植物。如果医生建议住院治疗，那么尽可能带上这种植物的一根完整的枝条，要包含花、果和叶。

铃兰可以借由匍匐茎分支繁殖。如果家中有儿童或者宠物，那还是放弃种植有毒的铃兰吧。

玉 米

　　玉米最初是一种热带植物，它的原产地是墨西哥。后来，人类把它传播到了世界各地。玉米、小麦、水稻和大豆，是全世界最主要的4种粮食作物。

　　当玉米作为饲料时，人们会把整个玉米植株都切碎——包括茎、叶和玉米棒，然后用青贮发酵的办法进行储存。玉米也用于生产沼气和生物乙醇。当然，除了将玉米用作动物饲料和生物质能，最常见的是将玉米用作粮食，比如做成玉米粉、玉米片、烤玉米或爆米花。许多国家都将玉米作为主食之一。不过，如果只吃玉米，会导致营养不均衡。

玉米在欧洲的传播

　　哥伦布将玉米从美洲大陆带到欧洲。起初，玉米是在地中海沿岸地区种植的。19世纪初，人们培育出了在欧洲中部较冷的地区也能生长的玉米品种。

从原始玉米到玉米作物

　　大刍草是一种野草，仅看这种野草的外表，完全看不出来它就是玉米的祖先。大刍草有大量的分蘖，只有侧枝的顶端坐落着小小的果穗，果穗上只结着寥寥几颗籽粒。而玉米不同，玉米穗柄直接长在玉米秆上，穗柄结出玉米棒，玉米棒上是饱满又软糯的玉米粒。

　　如今，大刍草和玉米的基因已被破译，人们已经知道，大刍草大概在9000年前，被生活在美洲的人民一步步驯化成玉米，玉米这种新的植物就诞生了。与此同时，玉米也失去了自我播种的能力，不得不依靠人类来播种。

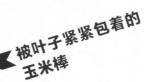

玉米的授粉

　　玉米秆的顶端是雄性的圆锥花序❶。雌花❷的位置较低，贴着茎秆，雌花是肉穗花序，内有极其微小的子房。子房外是胡须一样的花柱，最长可达40厘米，花柱从花序中伸出来。风会把雄花的花粉带给雌花。

← 被叶子紧紧包着的玉米棒

植物小档案

玉 米（玉蜀黍）

科属： 禾本科玉米属（玉蜀黍属）
栖息地： 田地
分布范围： 几乎全球

玉米棒

　　授粉之后，每个子房都会发育成一粒玉米粒。

玉米粒

啊呜啊呜！真香呀！

危机中的原仓鼠

　　在欧洲，原仓鼠的数量在减少。原仓鼠生活在农田中，以农作物为食。但由于欧洲玉米种植面积扩大，原仓鼠几乎只吃玉米，这会导致它们因为营养不均衡而患病。

植物的繁衍

动物为了繁衍，会四处寻找合适的伴侣。它们有的爬行，有的步行，有的游泳，有的飞行，直至找到彼此。而当它们的后代长大了，也会组建新的家庭。然而这些动物的本事，植物可都不会。绝大多数的植物牢固地扎根于土壤。不过，植物也进化出了自己的办法，成功地进行繁衍和传播。

孢子

苔藓和蕨类植物不通过种子繁衍，它们通过孢子进行无性生殖。由于只有很小一部分的孢子能散落到条件理想、适合发芽的地点，所以植物必须生产出大量的孢子。风和水会帮助植物运输孢子。如果它们落在合适的土壤上，新的植物就会萌发、生长。在被子植物出现之前，这曾是植物繁衍和传播的唯一途径。

花和种子

被子植物是在苔藓和蕨类植物之后出现的，被子植物带来了一种尤为有效的繁衍方法。被子植物的花朵有雌蕊和雄蕊。雌蕊的外端是柱头，中间是花柱，内端是子房。雄蕊生产花粉，在风或者动物的帮助下附着到雌蕊的柱头上，雌蕊就这样由雄蕊授粉。如此一来，雌蕊和雄蕊的遗传物质就结合了，花朵子房中的胚珠会发育成植物种子。

大种子和小种子

世界上最大最重的植物种子是生长在塞舌尔的海椰子的种子，海椰子种子的重量可达 20 千克。而斑叶兰的种子是最小最轻的种子，两百万颗种子加起来才 1 克重。根据自身的大小和重量的不同，种子们各有各的传播绝招。轻盈的种子借助风和动物来传播，还有一些能漂浮的种子靠水流传播。

传播小帮手

受精后的胚珠发育成种子，种子会尽可能传播到远的地方。蒲公英的种子❶特别轻，还配备一把"小伞"，能随着风飞得很远；还有些种子掉落在地，爆裂开后滚动到远方，比如果子❷；再就是被动物吃掉、运走或埋藏起来，比如榛子❸；或是挂在动物皮毛上搭顺风车，比如牛蒡❹；或由海浪推波助澜，抵达远方的海岸，比如椰子❺。

母株　子株

无性生殖

许多植物也可以不借助种子或孢子进行繁殖。它们从自己的根、芽或叶中发育出新的个体，即与母株基因相同的子株。这种繁殖方式和用孢子进行繁殖的方式被称为无性生殖。

从一粒种子到一株植物

如果一粒种子落到地上——比如下图中这粒甜椒种子，同时地面条件理想，那么它就会开始发芽。种子吸收水分，不断胀大，最终胀裂开来，长出一条根须。通过根须，种子继续吸收水分，嫩芽开始逆着重力，向上生长。嫩芽上的子叶舒展开来。接着，绿叶长出，然后是花朵，昆虫也前来传粉，于是子房发育成一颗内含许多种子的果实——周而复始，一切再次上演。

花粉粒
花粉管
受精的胚珠

新的植物诞生了

一粒花粉粒落在柱头上，然后花粉粒会长出一条花粉管，通向胚珠所在的子房。这样，雌花和雄花的遗传物质找到彼此并结合，受精的胚珠会发育成一粒种子。

柱头
花瓣
花柱
花药
花丝
子房
胚珠
萼片

花的结构

大多数植物的花都有着显眼的花瓣。花瓣中心是雌蕊，雌蕊包括柱头、花柱和子房。雌蕊周围是雄蕊，雄蕊由花药和花丝构成，花药制造花粉。花用香甜的花蜜吸引昆虫前来传粉。花瓣上的纹路会给昆虫指示方向，帮它们直达花的中心，就好像飞机降落跑道上的标志一样。从茎上长出的萼片托在花朵的底部，萼片通常是绿色的。

红 杉

树中隧道

在过去，特意将一棵红杉树打通，为马车和汽车开凿隧道，被当作是件有趣的事。这棵 96 米高、树龄超过 2400 年的"枝形吊灯树"就这样被开凿出了一条隧道，成为著名的景点。不过，如今这样的事情已经被严格禁止。

水青冈、云杉和冷杉很少能长到 40 米以上。与红杉相比，它们都是"小矮树"。

巨杉

蓝鲸重达 200 吨，身长 30 米，我们总会为蓝鲸的庞大惊叹不已。但是，和蓝鲸相比，巨杉要大得多。有些巨杉高达 90 米，巨大厚实的树干和无可匹敌的重量让人瞠目结舌。这些威武的"巨人"被赋予了威风的名字，自然是理所当然的事了。巨杉"谢尔曼将军"接近 84 米高，树干底部最大直径超过 11 米，树干的体积超过 1480 立方米，仅树干的重量就达到 1100 多吨，这还不包括树枝、叶子和树根的重量。

红 杉

不过，即使是"谢尔曼将军"这种树中巨人，与树高纪录保持者相比，也相形见绌了——有些红杉的高度超过 110 米。红杉的故乡是美国西海岸。在加利福尼亚州的红杉国家公园里，有一棵红杉甚至超过了 115 米。人们给它取名"亥伯龙树"，亥伯龙神是希腊神话中的一位提坦巨人。为了保护亥伯龙树，它的具体位置是保密的。

树木的生长高度并非是无限的，受到水分供应的限制，通常最高到了 120 米就无法再长了，这是因为树干中的水分无法运得更高了。

攀爬巨杉

这位科学家正在攀爬一棵巨杉，他要在树冠采集叶子样本。通过这种方式，科学家们能测量出准确的树木高度。

植物小档案

红杉

科属：柏科红杉属
栖息地：温带森林
分布范围：美国西海岸

古老的巨人

年轮显示，巨杉的寿命长达 3000 年。

扁桃

扁桃树较矮，高度在 2 ~ 8 米之间。它属于蔷薇科。花朵颜色是白色至粉红色。授粉后，花朵发育成含有硬核的果实。我们所吃的扁桃仁（也叫巴旦木），就是包含在果核中的扁桃种仁。

甜的，苦的，还是软的？

扁桃有 3 个变种：甜味扁桃，它的种仁味道甜甜的；软壳甜扁桃，它的种仁同样甜美，外壳薄而脆，容易剥开；苦味扁桃，味道苦涩，苦味扁桃种仁不能吃，因为有剧毒。

扁桃花

你会发现扁桃花与樱桃、杏、桃的花很像，它们都属于蔷薇科家族。

食品和化妆品

甜味扁桃和软壳甜扁桃的种仁可以生吃，也可以做成扁桃仁酱，扁桃仁酱可以塞入甜点作为夹心，切成片的扁桃仁片可用来装饰食物。人们把无毒可食的扁桃仁与糖、玫瑰纯露混合，制成扁桃仁糖膏。扁桃仁能用于提取扁桃油，扁桃油可以作为调味品和香料使用，也是许多护肤品和化妆品的重要成分。

种仁外壳

小心有毒！

未成熟的扁桃果 1 是绿色的，干巴巴，味道苦涩，难以入口。果实成熟后会裂开 2，露出里面的果核。扁桃仁 3 营养丰富，含有脂肪、蛋白质和碳水化合物，还含有许多矿物质和维生素。不过，一旦吃到苦味的扁桃仁，要立即吐出来，它们有毒！

在地中海地区，比如西班牙，扁桃树 1 月份就开始开花，形成一片美丽的花海。

采收扁桃

人们用长长的竹竿把扁桃从树上打下来，然后在树下用网子接住。

木茼蒿

木茼蒿属于菊科。木茼蒿是非常有名的夏季花卉。在营养成分不同的土壤中，它可以长到 30 ~ 90 厘米。

木茼蒿的气味

雏菊与木茼蒿相似，不过雏菊要大得多，雏菊花朵的直径可达 4 厘米。木茼蒿由数量众多的黄色管状花序组成。这些花序紧紧靠在一起，就像在一个篮子里一样。而这个花篮又被细长的白色舌状花序包围。这些白色舌状花序实际上是变形的花朵，可以吸引昆虫给花传粉。木茼蒿的这种花序叫作头状花序，菊科植物几乎都是头状花序。

木茼蒿很美，但是它的气味有一点儿怪异，当它枯萎时更是如此。甲虫、苍蝇和飞蛾，还有蜜蜂和胡蜂，会被这种独特的味道吸引过来，为木茼蒿传粉。

从开花到结果

白色的舌状花序❶将传粉的昆虫引来，指引昆虫来到中间的黄色管状花序❷。管状花序可以受精，发育成圆柱形的果实❸，大约 3 毫米长。

寻花者

这只食蚜蝇喜欢木茼蒿散发的味道。食蚜蝇是重要的传粉昆虫。

➡ 你知道吗？

上图中的花是不是和木茼蒿有点像呢？其实它是天人菊。木茼蒿的观赏品种也色彩鲜艳，受人喜爱。

生命力旺盛的木茼蒿

农民们可不喜欢木茼蒿。这种草不适合作为饲料，还会在草原和牧场上挤压其他饲料作物的生长空间。

植物小档案

木茼蒿（茼蒿菊）

科属：菊科木茼蒿属
栖息地：草原、路边
分布范围：亚洲、欧洲等

马鲁拉树

这种果香扑鼻、杏子大小的马鲁拉果，让大象为之疯狂。所以马鲁拉树又被叫作象李。

植物小档案

马鲁拉树（非洲漆树、象李）

科属：漆树科象李属
栖息地：草原
分布范围：非洲

马鲁拉树芳香浓郁的果实会吸引大象、长颈鹿、羚羊和疣猪等动物。尤其是那些已经发酵的果实，果子中已经含有酒精，格外受到动物的喜爱。不过，大象吃这种果子会变得醉醺醺的，这其实是个传言。如果大象跌跌撞撞，行为奇怪，这种"醉态"其实是大象误食了有毒的甲虫幼虫。这种甲虫幼虫藏身于马鲁拉树的树皮中，而大象也很喜欢吃树皮，于是就中招了。这种甲虫幼虫的毒液还可以涂到箭镞上做成毒箭。

鸟的口粮

南非灰蕉鹃也发现了马鲁拉果实的美味。

健康且用途多多

在非洲的传统医疗方式中，人们用马鲁拉树的树皮、树叶和树根防治疟疾，以及治疗虫子叮咬造成的伤口。这种清爽可口的水果也深受孩子们的喜爱，不过它的果肉牢牢地黏附在一颗大果核上，要想吃它，只能又吸又嘬。这个果核里包裹着可食用的种子。人们会用马鲁拉果酿造马鲁拉利口酒，或将其加工成果冻和果酱。

做成酒和油

马鲁拉树分为雌树和雄树。雌树结出杏子大小的金黄色水果，可以直接采摘，不过大部分情况下，人们都等它们成熟后掉落，再收集落果。这种水果可以生吃，也可以用于生产马鲁拉利口酒，它的种仁还能用来榨取马鲁拉籽油。

美味的种仁

果肉包裹着一颗坚硬的果核，果核里包含着富含蛋白质和油脂的可食用种仁。

果核

含羞草

植物小档案

含羞草

科属：豆科含羞草属
栖息地：森林、花园
分布范围：亚热带和热带地区

种荚

花孕育出种荚，含羞草的种子就在种荚里。

叶与花

含羞草的叶子在白天是伸展开的，而夜间则重新闭合收拢。雄蕊从粉色的花冠中伸出来。

按理说，人们不应该去触摸含羞草的叶片——因为这种植物非常敏感脆弱。可是，谁又能忍住不去碰它们呢？一旦你触碰含羞草脆弱的叶片，这些叶片就会依次收合起来。这种防御性反应可以减少捕食者带来的伤害，因为折叠起来的叶片对捕食者的吸引力不如伸展的、易于发现的叶片。这种行为在植物中很罕见，人们也还不能彻底解释清楚为什么含羞草具备这样的能力。

会学习的含羞草

含羞草的叶片一旦收合，就需要 20 分钟到半个小时的时间才能再次费力地展开。所以，如果含羞草能识别出哪种刺激是无害的，就不必每次都收合叶片，这对它来说当然更好。在实验室里，科学家们反复刺激含羞草，起初它依然会收合叶片，但后来就不再收合了。

也就是说，含羞草学会了区分哪些刺激是已经经历过的、无害的，哪些刺激是陌生且危险的。甚至几周之后，含羞草仍然记得这一点，能够区分这些不同的刺激。

神奇的根

含羞草还能抵御来自地下的攻击，它们的根部可以散发出硫黄般的臭味——就好像它在放屁。如果我们用一根玻璃棒或铁钉触碰含羞草的根部，它不会做出反应。但是，如果我们用手指触摸它的根部，或者有动物啃咬它，它就会散发臭气。那么，含羞草究竟是如何分辨生物和非生物的呢？这个问题还有待继续研究。

豆科的含羞草亚科非常庞大，不仅包括含羞草属，还有金合欢属，例如下图中的金合欢。

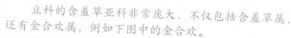

➡ 你知道吗？

含羞草对震动、快速的温度变化和光照强度的变化都有反应，不过只有受到影响的那部分叶片才会收合。如果情况严重，则会连带着整个枝条都收拢下垂。

苔藓

苔藓在阴暗潮湿的森林地面上铺展，好像一张吸饱了水的柔软地毯。水边的石头上、房顶上、墙壁和树木上……到处都生长着苔藓。苔藓没有根，只有用于固定在土里的假根。苔藓并不从土壤中吸水，而是通过拟叶获取水分。苔藓没有维管系统来运输水和养分。也正因为如此，苔藓这种植物非常低矮。

苔藓从哪儿来？

苔藓是最早的陆地植物之一，大约 4.7 亿年前就已经出现。有科学家认为它们由生活在水中的绿藻进化而来，对于陆地植物来说，这可是一个重要的步骤。几亿年来，苔藓也用事实证明了自己的成功：如今已经有超过 20000 种苔藓，人们把它们分为藓门、苔门和角苔门。

苔藓的微观世界

苔藓软垫可以像海绵一样吸饱水，避免雨水快速流失。所以，对其他动物和植物来说，苔藓就是重要的水库。其他植物的孢子和种子落到苔藓中，就找到了一个理想的发芽场所。苔藓软垫里，生活着等足目、弹尾目、多足亚门动物，还有蜗牛、甲虫和其他小动物。各种昆虫的幼虫也在苔藓中发育成长。苔藓里可是热闹得很呢！

良好的地基

苔藓软垫能留存水分。而且，哪里长满了苔藓，哪里就能形成腐殖质，其他植物可以以此为基础，顺利生长。

植物小档案

苔藓

科属: 多种科属
栖息地: 潮湿地带
分布范围: 几乎全球

藓门

金发藓属于藓门，这一点可以从它们无数的小拟叶辨认出来。小小的拟茎上顶着一个孢蒴，天气干燥时，孢蒴会裂开，释放出孢子。

生长在树林中的苔藓

地钱

地钱就是最常见的苔藓。

苔藓中生活着体形微小的水熊虫。它们的口器上长着一根吮吸刺，用来吸食苔藓的拟叶。不过，这种杂食动物也以微生物为食，同类相食也不鲜见。

肉豆蔻

为了获得肉豆蔻这种令人垂涎的香料，人们以前可是打过仗的，它的价值曾一度等于相同重量的黄金的价值。肉豆蔻先是通过阿拉伯商人来到了地中海地区，中世纪后，它又来到了中欧。在当时，肉豆蔻对于宫廷和富人来说是地位的象征，平民可负担不起这种奢侈品。肉豆蔻价格昂贵还别有原因：在中世纪，肉豆蔻被误认为可以治疗黑死病。

神秘而昂贵

这种珍贵的果实究竟来自哪种植物，这种植物又在何方？在古代，知晓内情的只有少数行家。其实，肉豆蔻来自印度尼西亚的马鲁古群岛。肉豆蔻是中世纪最昂贵的产品之一，人们甚至用木头雕刻肉豆蔻，企图鱼目混珠。

香料之争

15世纪末到16世纪初，葡萄牙航海家达·伽马率领的船队发现了通往印度尼西亚的海路，他们终于可以绕过阿拉伯商人，直接获得肉豆蔻了。接着，一场激烈的争斗在葡萄牙、西班牙、荷兰和英国之间爆发，这些国家都想垄断肉豆蔻的运输和贸易。到了18世纪下半叶，肉豆蔻被成功地种植在非洲。渐渐地，肉豆蔻变得便宜了。如今，作为一种常见的香料，你可以在很多超市或商店里看到它的身影。

肉豆蔻的出产地

肉豆蔻是格林纳达的主要出口产品，格林纳达是加勒比海的一个岛国。在它的国旗上就有着肉豆蔻的图案。格林纳达是世界上仅次于印度尼西亚的第二大肉豆蔻生产国。

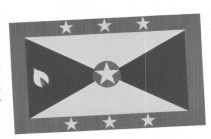

肉豆蔻树

如果湿度和温度都适宜，肉豆蔻树可以长到10米以上。

肉豆蔻并不是坚果，它有着淡黄色的果肉。

"肉豆蔻花"

如果谁说要拿点"肉豆蔻花"来做菜，那他拿的可不是肉豆蔻树开的花，而是肉豆蔻种核干燥的红色假种皮，也叫肉豆蔻衣。

浅棕色的肉豆蔻种仁含有固体油，可制成工业用油。

知识加油站

▶ 我们可以买到整颗的肉豆蔻或者磨碎的肉豆蔻种皮粉。优秀的厨师总是选用一整颗，然后用精致的肉豆蔻研磨器将其磨成粉。

▶ 这种香料，最好每次只取用一点儿。食用过量的肉豆蔻可致人中毒！

月见草

月见草属的植物有 100 多种，原产于北美洲。17世纪，月见草作为一种观赏植物被引入欧洲，之后迅速传播到其他温带和亚热带地区。人们也把它作为一种草药或香草进行栽培。

只在夜里开花

月见草发芽后，一开始只长出紧贴地面的像莲座一样的叶丛，它把所有的养分都供给长长的主根。到第二年，月见草长出了最高可达 2 米的茎，茎上长着叶子和黄色的花。然而，月见草只在夜里开花。只需短短几分钟，众多花苞就会绽开。花香浓郁甜美，吸引了夜蛾，夜蛾将长长的口器伸进花朵里吸食花蜜。花朵持续开放一整晚，到了白天，花朵凋零，不过不需很久，当天色再次暗下来，月见草的下一批花儿又会开放了。如此一夜又一夜，直到一棵月见草的所有花苞绽放完毕。

夜间活跃

月见草在暮色中展开花瓣，到第二天早上就会凋谢。

种子的散播

月见草的主枝和侧枝可以长出多达 120 朵花，花谢后结出种荚，每个种荚可含有最多 200 颗种子。一旦植物被风吹动或是被动物摇动，种子就被释放出来。种子的重量不到 1 克的千分之一，所以种子可以轻易地随风飘扬。月见草生长在路边、草坪，也被种在花园以供观赏。

▶ 你知道吗？

为了吸引夜间活动的昆虫接近花朵，为花朵传粉，月见草会散发强烈的气味。

作为草药

北美洲的原住民已经熟知月见草的药效了。如今，人们依然会用月见草制药。月见草的根可以酿酒，种子可以榨油。

植物小档案

月见草

科属：柳叶菜科月见草属
栖息地：路边、草坪、花园
分布范围：几乎全球

广泛传播

月见草可是传播扩散的高手，一个植株就能产生数千粒轻小的种子，种子可以传播得很远。

水仙

水仙属的植物大约有 60 种。水仙通常在冬末和春天开花，属于传统的报春植物。水仙中的著名品种黄水仙在 3—4 月开花。黄水仙在欧洲有着悠久的栽培历史，如今世界各地都有种植。

黄水仙

春天来临，黄水仙从鳞茎里长出来，可以长到 30 厘米高。光滑的茎的顶端盛开着花朵，它那星形的主花冠由 6 片淡黄色的花瓣组成，花朵中心是一个显眼的喇叭形副花冠，呈耀眼的黄色或橙色。

美少年和水仙

希腊神话中有一个关于水仙的故事。传说有一个名叫纳西索斯（也叫那喀索斯）的年轻人十分俊美，很多人爱上了他，可是他却回绝了所有的爱慕者。诸神因此降下惩罚，使他从此只会病态地爱上自己。这个故事的结局有几个不同的版本，但是这个美少年在任何一个结局中都没有好结果。有一个版本的结局是，当他在水中看到自己的倒影时，不知道那就是自己的样子，他深深迷恋上了这个倒影，他扑向这个倒影，于是落入水中溺亡了，他最后化身为一朵水仙。水仙的英文"narcissus"就来源于纳西索斯。心理学中，自恋症的英文"narcissism"也来自纳西索斯。

种植水仙

人们特别喜欢把水仙种植在花园里❶，或者用作切花插在花瓶里。主花冠为白色、副花冠为黄色的水仙很常见❷。

筒状鞘

抽芽

水仙抽芽时，筒状鞘把绿芽包裹在一起。

野生水仙

野生水仙并不多见。与栽培品种相比，它们的花朵更小。

植物小档案

水仙

科属： 石蒜科水仙属
栖息地： 花园、稀林、山坡草地
分布范围： 几乎全球

康乃馨

植物小档案

康乃馨（香石竹）

科属：石竹科石竹属
栖息地：阳光充足的开阔地带
分布范围：主要为北半球的温带地区

古希腊人把康乃馨献给神话中的众神之父——宙斯，把这种花称为"dios anthos（众神之花）"，石竹属的拉丁文学名"*Dianthus*"就是由此而来。康乃馨原产于欧洲南部，随后世界各地的花园中均有种植。作为观赏性植物，康乃馨新的变种不断面世，这些新品种有的具有奇异的花形，有的有着令人惊叹的花色纹样。

品种多样

康乃馨有数百种，这些品种可以杂交。每种康乃馨都有独特的名字，比如"五月玫瑰""棉花糖""冰玉""花园粉"等，它们被种植在花园中作为观赏花。它们有白色、黄色、粉色、红色，甚至还有双色。

艺术杰作

石竹属植物的花朵形状极其多样。有一些物种分为很多花色，还有一些物种呈现出不同颜色的斑点或者彩色的花边。

用处多多

虽然很多花朵可以用作香料，比如右图中的丁子香，但是康乃馨不用作香料。不过，康乃馨可以提取香精，也可以作为药材。

丁子香

丁子香来自丁子香树，丁子香树原产于印度尼西亚的马鲁古群岛。丁子香事实上是干燥的花蕾，它有着强烈的香味。丁子香可为菜肴调味。

母亲节之花

康乃馨是世界上应用最普遍的花卉之一，在婚礼上和母亲节时，人们都可以佩戴或者赠送康乃馨。1907年，美国人安娜·贾维斯为了纪念她的母亲，设立了母亲节，而康乃馨是她母亲最喜欢的花，于是康乃馨就成为母亲节的象征，如今常被作为送给母亲的花。

花园里的康乃馨

在古代，欧洲人就已经开始培育康乃馨的各种品种了。

油橄榄

8000 多年前，地中海地区的人们就已经在食用油橄榄树的果实了。不过，种植油橄榄树需要耐心，这种树生长缓慢，要等 3 ~ 4 年后它才会结出果实。有时人们甚至要等待 30 年，油橄榄树才能达到它的盛产期。好在这种等待颇为值得，毕竟油橄榄树的寿命有好几百年——它的果实可以供应一代又一代人。

绿油橄榄和黑油橄榄

收获油橄榄时，人们在地面上铺设细网，用棍子把果实从树枝上打下来，果实就会落在细网里。有时人们先打下绿色的油橄榄，然后再打下颜色更深的蓝黑色油橄榄。所以，绿油橄榄和黑油橄榄不是两种不同的水果，只是成熟程度不同。

常绿树

油橄榄树年轻时树皮的颜色是青灰色，随着树龄增加，油橄榄树渐渐盘曲交结起来，树皮也慢慢剥裂。油橄榄树是常绿树，不会在秋季或冬季落叶。

要想榨橄榄油，就只能选用成熟的油橄榄。把整个果实连同果核一起压榨，汁液和残渣沉淀后，橄榄油就分离出来了。主要的油橄榄生产国有希腊、意大利、西班牙和土耳其等。油橄榄树提供的木材还可以加工成家具、笛子和厨房用具等。

果实

仍未成熟的绿油橄榄❶和成熟的黑油橄榄❷都会被采收。黑油橄榄还可以用于压榨橄榄油。欧洲是最大的橄榄油生产地和消费地。

油橄榄林

根据品种的不同，油橄榄树可长到 10 米高，有时甚至达到 15 米高。叶子上的银灰色鳞片使树木看起来闪动着银光。

植物小档案

油橄榄（木樨榄）

科属： 木樨科木樨榄属
栖息地： 干燥且阳光充足的地方、种植园
分布范围： 地中海地区、亚热带地区

甜橙

甜甜的橙子是由柚子和橘子杂交而来的，是酸橙的变种。

橙子源自何地呢？它原产中国东南部，橙子在欧洲也被叫作中国苹果。在中国，至少在 2300 多年前，人们就在种植橙子了。10 世纪时，酸橙通过印度和西亚传入欧洲；到了 15 世纪，甜橙也传入了欧洲。哥伦布将橙子从西班牙带到了北美洲，随后又带到了南美洲。

绿色的橙子

在橙子成熟之前，橙子表皮不是橙色的，而是偏绿的。不过，也有很多成熟后表皮依然是绿色的橙子、橘子和柠檬。表皮的颜色与水果的质量和成熟度并不相关，表皮颜色取决于果实成熟期的日晒程度、夜间温度和空气湿度。在泰国这样的热带国家，橙子表皮会始终保持绿色，不会变成橙色。不过，为了出口，人们会用乙烯气体给绿橙子"脱绿"。植物激素乙烯可以分解天然叶绿素，于是橙子便具有了典型的橙色。

种植园

人们在种植园里种植橙子。橙树可以长到 8 米高。

植物小档案

甜橙（橙、橙子）

科属：芸香科柑橘属
栖息地：种植园
分布范围：几乎全球

橙 园

巴洛克时期，君主和贵族下令建造专门的温室——也就是橙园，用于培植酸橙等植物。

→ 你知道吗？

甜橙和酸橙、柠檬、葡萄柚一样，都属于柑橘属。它们的果实是浆果，果肉中包含着种子。

兰花

蒙骗
红花树兰把自己
伪装成另一种植物,
却不产生花蜜,
它的传粉者,蒙骗

不同品种的兰花吸引
不同的传粉者,比如蜜蜂、
蝴蝶和蝇类,也吸引着鸟
类,比如蜂鸟。

蝴蝶兰
蝴蝶兰的盆栽或切花深受人们喜爱,它的
花像蝴蝶一样,蝴蝶兰有很多种品种。

兰科植物包括 870 个属,大约 28000 种植物和 10 万多个园艺家培育的变种。除南极洲外,各大洲都有兰科植物的身影。在温带地区,它们大多生长在地面上;在热带地区,许多兰科植物作为附生植物生长在树梢上。还有些兰花甚至生长在岩石上!所有的兰科植物都有一个共同点:它们的花朵非常华丽。兰花的花形多种多样,有的只有几毫米大小,也有的有着令人惊奇的尺寸和形状。

欺骗传粉者

兰科植物的花朵极能引起注意,吸引传粉者纷至沓来。在漫长的进化过程中,花的形状已经和传粉者的体形构造相适应。一些兰花利用形状和颜色伪装自己,拟态成雌性蜜蜂或胡蜂的样子,它们甚至还能散发雌性动物的气味来吸引相应的雄性,于是这些"小伙子"就上当受骗,被兰花用来传粉了,而且还得不到花蜜。还有些兰花能发出腐肉的气味吸引苍蝇。当然,大多数兰花还是以甜美的花香和花蜜招来传粉者。不过,所有兰花中,有三分之一都是诱饵花,蒙骗着传粉者。

➡ 你知道吗?

很多野生的兰科植物都在被过度采挖,导致它们的数量急剧减少,比如野生的黄色杓兰。杓兰生长在落叶林的树荫下或植被茂密的山坡上。杓兰只用香味吸引传粉者,却不提供花蜜作为回报。杓兰是受到保护的植物,采摘花朵或挖走植株都是违法的。

引过来，粘上去

大多数被子植物的微小花粉粒都只是松散地附着在昆虫身上随之转移。然而，兰花把自己的花粉粒黏成"花粉小包裹"，即兰花花粉团。一旦有传粉者拜访花朵，这些花粉小包裹就借助于一个黏盘黏附在传粉者身上，这可以防止传粉者吃掉花粉粒。当传粉者拜访另一朵花时，花粉团就会附到别的花上了。

与真菌共生

兰花很难种植，因为它们的种子只能依靠真菌生长。真菌为种子提供水分和养分时，种子才能发芽。之后，兰科植物慢慢长大，可以进行光合作用了，它才能自己为自己制造养分，不再依赖真菌的帮扶。有一些品种的兰花含有的叶绿素太少或者几乎没有，于是它们一生都依赖真菌的供养。

由于真菌可以哺育兰花的幼苗，所以兰花的种子无须储备太多营养，它们都非常微小。一颗兰花种子仅重 0.3 ~ 0.5 微克。这样一来，兰花的种荚里就装得下几百万颗微尘般的种子。

不同寻常的兰花

天使兰花
你要是愿意的话，它就是你眼中展开双翼的小天使。

猴面小龙兰
它的花朵看起来就像一只露齿大笑的猴子。

兰花花粉团

蜂 兰
乍一看，这是一只笑着的蜜蜂，实际上，这是赤裸裸的骗局：蜂兰不管在外观还是气味上，都把自己拟态成一只雌性蜜蜂。雄蜂们纷纷上当，试图向这只假的雌蜂求爱，于是就将兰花的花粉团粘在身上了。

长距彗星兰

这种生长在马达加斯加的植物也被称为大彗星风兰。当达尔文看到那长达 20 厘米的花距时大为震撼，因为在花距的最底部才会产生花蜜。达尔文据此大胆猜测：一定有某种蛾子长有与花距同样长的口器，这样才能为这些形状怪异的花朵传粉。直到 1903 年，也就是达尔文去世之后，这种蛾子才被人们发现。1992 年，人们才首次拍摄到它在夜间探访花朵的照片。

马岛长喙天蛾
这根超级长的喙，正好适合取食长距彗星兰的花蜜。

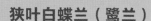

狭叶白蝶兰（鹭兰）
狭叶白蝶兰通体洁白，像只翩翩起舞的蝴蝶，又像展翅而飞的白鹭，很可惜已经濒临灭绝。

杨 树

杨絮

成熟的果实孕育出了种子，种子上有棉花似的绒毛，这是种子的冠毛。春天，种子会飞出，一片又一片的冠毛像雪一般在空中飞舞。

温度与光照

杨树喜欢湿润和富含营养的环境，它们在水边能生长得很好。像所有的先锋植物一样，杨树需要大量光照。

植物小档案

杨 树

- - - - - - - - - - - - - - - - - -

科属: 杨柳科杨属
栖息地: 河岸、溪流沿岸
分布范围: 亚洲、欧洲、非洲北部、北美洲

黑杨

黑杨的典型特征是它的菱状卵形的叶子，叶子有一个长长的叶尖，叶子边缘有细而圆的齿。

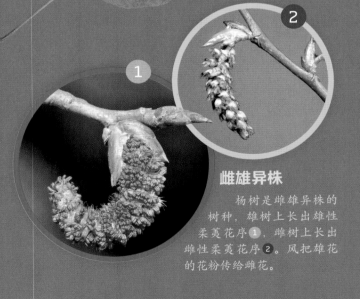

杨树有 100 多种，其中包括青杨、黑杨、白杨、胡杨等。杨树多生长在溪流和河流沿岸，或生长在被洪水淹没的地区。杨树是先锋植物，先锋植物是能够耐受局部极端环境条件且具有较高传播力的物种，它们可以在光秃秃的土地上迅速生长。

雌雄异株

杨树是雌雄异株的树种，雄树上长出雄性柔荑花序 ❶，雌树上长出雌性柔荑花序 ❷。风把雄花的花粉传给雌花。

无性生殖的杨树

杨树可以通过种子传播，也可以通过根芽繁殖。根芽繁殖时，与母株基因相同的新芽从靠近地表的根部萌发出来。连折断了的枝条也可以在土地里再次生根，长成一棵新树。通过这种根系网络，杨树甚至可以在大火中幸存。有些杨树群落已经有好几万年的历史了。

杨树的用途

由于杨树生长迅速，它很适合用于木材生产和造纸，还可用于制造火柴、牙签和乒乓球拍等。

高耸而细长的黑杨，常常被栽种在道路两旁。

纸莎草

如今埃及仍在使用纸莎草。但与法老时代不同的是，尼罗河两岸的纸莎草丛已经在逐渐减少。

植物小档案

纸莎草

科属：莎草科莎草属
栖息地：河岸、沼泽地
分布范围：非洲中部和东北部的热带地区

如果要追寻埃及文化的肇始，那么有种植物须得细细端详，那就是生长在埃及尼罗河畔的那一片片草本植物——纸莎（suō）草。5000多年前，古埃及人用它制造出重要的书写材料。在纸莎草纸卷上，人们将知识、故事和文化世代相传。

写在植物上

莎草纸需要手工制作。高达 5 米的草被切割成一段段约 40 厘米长的茎条，把这些茎条上坚硬的绿色外皮剥下来，露出海绵状的植物内茎，再把这些内茎切成长长的薄片，将这些薄片浸水后再捶打至扁平。之后，把这些薄片铺成两层，一层横向铺开，一层纵向铺开，再把两层薄片压合在一起。纸莎草具有黏性的汁液会把这些薄片紧紧黏合起来。干燥之后，再把莎草纸磨光滑。

最后，将几张莎草纸粘在一起，做成卷轴。在古代，莎草纸传到了地中海沿岸，以及欧洲内陆和西亚。莎草纸适用于气候干燥的地方，在潮湿的环境中，莎草纸容易损坏。后来莎草纸逐渐被羊皮纸、牛皮纸以及来自中国的纸张取代。

如今，人们则是把纸张装订成册，纸是由纸浆制成的，纸浆来自木材。

古老的绘画

古埃及的场景在莎草纸上活灵活现地展示了出来。

➡ 你知道吗？

莎草纸在古埃及并不是谁都可以用的，它是一种昂贵的书写材料。莎草纸一直使用到8世纪左右。莎草纸消亡以后，制作莎草纸的技术也因缺乏记载而失传。如今的莎草纸的制作技术是现代的学者探索出来的。

纸莎草的生产

首先把纸莎草的茎部去皮❶，将内茎切成长薄片❷并浸水❸。然后铺设第一层，再转 90° 方向铺设第二层❹，最后压片。压好的单张纸片经过干燥和磨平，再将多张纸粘在一起，形成一个纸卷，纸卷的长度则根据所需抄写的文本的长度而定。

鹤望兰

鹤望兰的花朵看起来像鸟类的头部，而且还长有艳丽的冠羽。事实上，这些花的确招引着鸟儿前来，鸟儿拜访花朵，在此啜饮花蜜并为之传粉。为了方便传粉者，鹤望兰为它们提供了一个坚固的落脚地。鸟儿降落到箭头状的蓝色蜜管上，可以舒适地向前俯身，探取花蜜。

大有用处的花瓣

鹤望兰的花瓣很厉害，它是卷起来的，花粉包藏在里边。如果鸟儿给花瓣施加压力，花瓣卷的裂缝就会纵向展开，暴露出花粉，花粉就会粘到鸟儿的脚和羽毛上。一旦鸟儿不再踩着花瓣，花瓣卷就会再次关闭。工程师和建筑师运用了这种机制，为大型建筑建造了特殊的百叶窗，这种百叶窗不需要铰链，只需通过弯曲和扭曲的方式就可以打开和关闭，这样，就无须对百叶窗的活动部件进行润滑维护了。

花粉

请降落到这里来！

鹤望兰给鸟儿提供落脚的便利，并利用一个小妙招来确保鸟儿能沾上花粉，从而使花粉被传送给下一朵花。

赫 蕉

鹤望兰与产自美洲热带地区的赫蕉亲缘关系非常紧密。赫蕉所在的地方也生活着蜂鸟，蜂鸟可以悬停在花朵前啜饮花蜜，所以赫蕉不需要准备给蜂鸟落脚用的花瓣。赫蕉的花序有的像鲜艳的花穗一样垂下，有的像火焰一样向上竖起。

极富异国情调的鹤望兰共有 5 种，原产南非，是著名的观赏植物。

草本植物

在南非，野生的鹤望兰高度可达 2 米，是一种多年生的草本植物。

花的妙招

它的花朵适应了来传粉的食蜜鸟类，这是一种奇妙的进化。

植物小档案

鹤望兰（天堂鸟）

科属： 旅人蕉科鹤望兰属
栖息地： 河岸和森林空地
分布范围： 南非

巴西栗

球状果实
　　巴西栗的果实直径有 10 ~ 15 厘米，包含 8 ~ 24 枚种子。

　　巴西栗富含植物油、蛋白质、维生素和各种矿物质，其中包含重要的微量元素硒。

可食用的坚果仁

古林巨人
　　高大的巴西栗常常在热带雨林那连绵的树冠层之上卓然挺立，一些巴西栗已被证实有 500 多年的树龄了。

植物小档案

巴西栗（巴西坚果、鲍鱼果）

科属： 玉蕊科巴西栗属
栖息地： 热带雨林
分布范围： 南美洲

　　巴西栗可长到约 50 米高。这种热带树木生长在亚马孙河沿岸的森林里。在安第斯山脉的西坡，如玻利维亚、秘鲁和哥伦比亚也有巴西栗生长。要说到巴西栗的繁殖和传播，它的得力助手是两种动物——一种蜜蜂和一种啮齿动物。

兰花和蜜蜂

　　巴西栗的花朵构造独特，只有一种身强体壮的雌性蜜蜂能钻进去，而这种蜜蜂的雄性则只爱采食生长在巴西栗上的兰花。雌性蜜蜂和雄性蜜蜂采食不同的花蜜，为不同的花传粉，同时又继续繁衍，形成了巴西栗、兰花和蜜蜂三者间奇妙的共生关系，巴西栗也只能生长在同时有这种兰花和蜜蜂的原始雨林中。

刺豚鼠

　　当雌性蜜蜂完成传粉后，巴西栗结出了形似椰子的果实。果实外端有一个开口，但这个开口非常小，种子不会掉出来。果实会从树上完整地掉落到地上，这就引起了一种叫刺豚鼠的啮齿动物的兴趣。它用锋利的牙齿在硬壳上咬出一个洞，这样就得到了种子，这些种子外同样包着一层硬壳。有些种子立即被吃掉，有些则被刺豚鼠埋藏在地下。但是刺豚鼠有时会忘记埋种子的地点，于是被遗忘的种子就生长出新的巴西栗了。

强壮的雌性蜜蜂
　　雌性蜜蜂为巴西栗的花朵传粉。

坚果咔咔咔
　　刺豚鼠可能是唯一的一种能用有力的牙齿咬开巴西栗的动物了，因此它也为巴西栗的繁衍传播做出了贡献。

芍药

开花

芍药的花期不过几周，甚至常常只是几天。

植物小档案

芍药

科属: 芍药科芍药属
栖息地: 稀林、山地、草场、花园
分布范围: 亚洲、欧洲

蓇葖果

蓇葖果裂开后释放种子。然而，种子只有在经历了至少一次冬季霜冻后才会发芽。所以你必须保持耐心，等待它慢慢开花。

鲜艳饱满

色彩鲜艳，花形饱满，不同的芍药品种都具有这样硕大的花朵。它们被看作没有刺的玫瑰。

芍药特别受园艺家和花卉爱好者青睐，芍药花大，颜色多样，还可以用作药材。芍药中有白芍药、窄叶芍药、多花芍药、美丽芍药、草芍药等。在欧洲，"荷兰芍药"很有名，因为它世代生长在农夫的花园里，也被称为"农夫芍药"。欧洲的芍药原产于欧洲南部，可长到约70厘米高。

牡丹

鲜艳硕大的牡丹属于芍药属，牡丹的原产地在中国。牡丹是落叶灌木，有些品种的牡丹长得非常高大，可长到2米高。在许多地方，它早已蔓延到花园以外，在野外分布。如今我们看到的牡丹大多都是杂交培育的。

别直接吃它！

芍药的茎和根具有弱毒，这种毒素可以引起呕吐、胃痛等症状。

多年生植物

有的芍药是草本植物，有的则是灌木。这两类芍药都是多年生植物，这意味着它们在冬季过后会再次发芽抽枝。园艺家们知道，这些多年生植物不应该与一年生植物一起种植在同一个花坛里——不然你就得不断地掘土，种入新的一年生植物，导致伤害芍药的脆弱根系。

牡丹的寿命很长，如果能够给牡丹提供最佳的生存环境，有些牡丹物种的寿命甚至可以有百年以上。

➡ 你知道吗？

中国在夏商周时期已经在种植芍药了。芍药可以入药，治疗多种病痛。

意大利石松

意大利石松是松树，属于针叶树——不过它是一种喜欢生长在开阔地带的针叶树，而非高山上。到了一定树龄的石松会形成伞状、顶部扁平的树冠。树冠由密集的针叶组成，几乎没有什么光线能穿透这样的树冠。因此在炎热的地中海国家，石松是很受欢迎的遮阳树，人们把它栽种在道路旁和公园中。意大利石松主要生长在地中海沿海地区，经常在野外构成一整片森林。从古至今，石松的木材一直用于制作实木家具。大约2000年前，古罗马人把石松从地中海带到了欧洲的其他地区——如今，在很多地区都能看到它。

松仁

古罗马人很熟悉意大利石松可食用的松仁。要吃到松仁，首先得把松子收集起来，然后敲开它们2毫米厚的外壳。这些柔嫩而富含油脂的松仁通常会被炒一下，然后撒在意大利面上。此外，它们也可以用来放进意大利常用的酱料中。糕点师还使用松仁来装饰蛋糕等甜点。

未成熟的松果

松果

这些松果需要大约3年才能彻底成熟。它们张开鳞片，释放出种子。这些种子里包含着令人垂涎的松仁。空的松果可以用作装饰或燃料。

针叶

石松的松针可以长到20厘米长，有时还会向上生长。

植物小档案

意大利石松（笠松、意大利伞松）

科属：松科松属
栖息地：干燥且阳光充足的地方、海岸
分布范围：南欧、非洲北部、西亚

这种松树可长到25米高，通过其伞状的树冠很容易认出它来。

→纪录
420岁

已知最古老的意大利石松大约有420岁了。它位于意大利的卡尔达罗拉。通常意大利石松的寿命有250年。

大花草

传粉者

为了把气味更远地扩散到丛林中，大花草会升高自己的温度。

巨大的大花草快要开花了①。当花瓣打开时②，它开始散发出强烈的气味。

①

②

值得一观

巨大的大花草拥有 5 片花瓣，花瓣上有着醒目的花纹。它生长在东南亚的马来半岛、苏门答腊岛和加里曼丹岛等地。在那里，它已经成为观光一景。

你可能闻到过紫罗兰、薰衣草和玫瑰的香味，这些花儿非常好闻，甚至可以用来制作香水。不过大花草的气味可没人愿意染上，它可真是太臭了！

又大又臭

大花草属大约有 40 个物种，它们的大小、颜色和形状各不相同。最大的物种是大花草，也叫 "阿诺德大花草"。它那带着白色斑点的红色花朵直径可达 1 米，重达 10 千克。从种子发芽到开出如此壮观的花朵，需要几个月的时间。

这种花的颜色和气味让人联想到腐肉。的确，许多昆虫会被这种气味吸引过来，特别是苍蝇和甲虫。这些昆虫希望找到好的觅食和产卵场所。然而，大花草欺骗了它们，它就指望着这些小动物帮忙传粉呢。传粉完成后，雌花用大约一年的时间孕育出一个果实，果实里有大量的小种子。来吃果实的啮齿动物会以粪便传播一些种子，还有一些种子则粘在动物的身上被带到远方。

巨大的寄生者

大花草是彻头彻尾的寄生植物，它寄生在宿主植物上，依靠宿主植物来获取水和养分。大多数的宿主植物都是葡萄科的藤本植物。大花草甚至连光合作用都不自己进行，也不长什么绿叶。

植物小档案

大花草（大王花、尸花）

科属： 大花草科大花草属
栖息地： 稀林、山地、草原、热带雨林
分布范围： 东南亚

最大的花

阿诺德大花草是世界上最大的花朵。它的颜色和花纹都让人想到腐烂的肉——闻起来的气味也一样。

欧洲油菜

欧洲油菜可以长到约1米高，花期在3—4月。春天的油菜田可真美呀！

植物小档案

欧洲油菜（甘蓝型油菜）

科属：十字花科芸薹属
栖息地：田野
分布范围：欧洲、亚洲、北美洲

角果

阳春四月，油菜花盛开，一片金黄，灿烂耀眼。油菜是用于榨油的作物，油菜籽的含油量非常高，超过40%。油菜为全世界主要的四大油料作物之一。

油菜的油

油菜作为一种油料作物，既可以制成烹饪用的食用油，也可以制成照明用的灯油。在古代，人们已经在使用油菜了。10世纪时，亚洲和欧洲很多地方的人已经在大规模种植油菜，使用油菜的油。

如今，油菜还可以用来生产可生物降解的工业用油，如润滑油或颜料用油。油菜籽还可以用于生产生物燃料。油菜籽压榨后还会留下一些固体残留物，这就是油菜籽饼，富含蛋白质，可以用作喂养牲畜的饲料。

油菜和蜜蜂

油菜自花授粉或者借助昆虫传粉。耀眼的金黄色油菜田吸引着蜜蜂，你去油菜田里一定会发现蜜蜂的身影。养蜂人甚至会把他们的养蜂场设置在油菜花田附近。这样既可以增加油菜的产量，也就是结出更多角果和油菜籽，又可以给蜜蜂提供大量的花蜜。

收获在即

油菜花早已开过了。这只鸟儿的爪子牢牢抓着一根长长的角果，角果里是富含油脂的种子。

➡ 你知道吗？

加拿大是世界上最大的油菜籽生产国和出口国。欧洲、中国和俄罗斯的油菜生产量也很大。油菜籽是仅次于大豆的世界第二大油籽。

早起干活

一些被子植物无论白天还是黑夜都生产花粉，但是油菜不是这样：它的花朵只在早上的几小时里工作，生产花粉。

油菜花

稻

水稻梯田

水稻非常需要水。在多雨的山地，人们会在山坡上开辟出梯田来种植水稻。雨水滋润着梯田，河流中的水也可以用来灌溉梯田。

植物小档案

稻

科属：禾本科稻属
栖息地：亚热带和热带地区的农田、河岸、水塘边
分布范围：亚洲、欧洲南部、美洲及非洲部分地区

稻属植物主要生长在亚热带和热带地区。和其他所有的粮食作物一样，水稻也属于禾本科植物。早在 10000 年前，中国长江中下游地区的野生稻已被驯化为水稻。

如今，全世界大约 90% 的水稻都产自亚洲——即中国、印度和泰国等。亚洲人口众多，占到世界人口的一半以上，水稻是亚洲主要的粮食作物之一。在中国和印度，有超过 20 亿人以米为主食。欧洲也同样种植水稻，比如意大利、法国、西班牙和葡萄牙。

水稻的种植

在大多数国家，水稻都是种在灌满水的稻田里的。而实际上，原始的野生稻并非生长在水中，水稻是通过培育才成了现在的样子。用水漫灌稻田是有好处的：害虫和杂草很难繁衍蔓延；而且与旱稻稻田相比，灌水后的稻田产量更高。不过，旱稻可以耐受更低的气温，能在较冷的地区生长。

糙米

米的外面有一层微微发黄的薄壳，这就是米糠。去掉米糠就是人们常吃的白色大米，也就是精米，保留米糠就是糙米。米糠里含有维生素、膳食纤维和矿物质，也很有营养。不过，糙米比起精米需要更长的时间才能煮熟。精米的糠皮通过摩擦碾压被去除了，这些磨掉的富含营养的米糠可以做成优质的动物饲料。

传统的水稻种植主要依靠人力劳作。

➜ 你知道吗？

水稻种子成熟可分为 4 个阶段：乳熟期、黄熟期、完熟期和枯熟期。水稻植株会从嫩绿色变成金黄色，最后变成黄褐色，这时籽粒也变硬了，就可以收割了！

品种繁多

米有白色的、黄色的、红色的和紫色的，还能分为长粒米、圆粒米等。糯稻是稻的黏性变种。

水稻植株

水稻可以长到 1.5 米高，它的茎秆中抽出叶鞘，松松散散地生长着。水稻的花序极小，绝大部分都自花授粉，最后结出成熟的稻谷。

王 莲

王莲这种庞大浑圆的水中植物可真是壮观极了。王莲的故乡是南美洲热带地区，主要产于巴西、玻利维亚等国，它还是圭亚那的国花。

巧夺天工的结构

王莲的浮叶呈圆形，直径可达 3 米，它具备一副支撑结构来保持稳固：叶片内充满空气的腔室使它可以浮在水面上，浮叶的边缘向上翻翘，这可以防止叶子互相叠压，影响彼此接受光照。浮叶边缘还有排水口，好让雨水流走。叶子表面分布着许多垂直的孔状通道，水也可以通过这些通道直接向下流出。

洁白与粉红

王莲的花朵一开始是白色的，在傍晚时分开放，散发出迷人的芳香，尤其吸引甲虫。到了第二天，花朵再次闭合，此时还在花朵里忙着进食花蜜和淀粉质物质的甲虫就出不来了，它们只得等到花朵再次开放。这段时间里，甲虫可以为王莲传粉，身上也会粘上新的花粉。

第二天傍晚，花朵再次开放，它的花瓣变成了粉红色。现在，甲虫们自由了，它们可以去找另一朵王莲继续觅食和传播花粉了。甲虫们会分辨出已经完成传粉的粉红色花朵，专门寻找尚未授粉、首次开放的白色花朵。

到了第三天，粉红色的花朵会变成红色，枯萎并沉入水中，逐渐发育成拳头大小、带刺的果实。果实里的种子可以烘烤食用。亚马孙河流域的人们称它为"水玉米"。

向大自然学习

19 世纪时，玻璃宫殿是非常先进的。玻璃宫殿的铸铁架构就是模拟王莲浮叶的背面设计出来的。

王莲叶子的背面分布着有支撑力的叶脉，用来加强结构的稳定性。空气腔室则为叶片提供浮力。水下的茎长满尖刺，防止动物啃咬。

温热的花朵

王莲的花朵直径可达 30 厘米，花朵中心的温度会比周围环境的温度高出 10℃，这样它就能更好地散发诱人的芳香。

植物小档案

王 莲

科属：睡莲科王莲属
栖息地：热带雨林、温室池塘
分布范围：南美洲、世界各地植物园

千里木

要想登上非洲最高峰——乞力马扎罗山的基博峰，就要穿越不同的气候带和植被带。登山之路开始于非洲大草原，继而穿过耕地，然后是茂密的热带雨林。到了海拔3000米左右，高大的树木消失了，眼前是灌木等低矮的植被，不过，可以长到6米高的千里木就在这里生长。这种植物有的独自矗立，有的连成了一片小森林。从这里再往上攀登，就是岩地荒漠，这里生长着地衣和苔藓。在山峰的最高处，则是冰川和白雪。

奇异之草

高耸入云的乞力马扎罗山卓然独立于广阔的东非大草原上，仿佛一座岛屿。所以，这里出现了偶然变异的独一无二的物种，也就不足为奇了。在低矮的菊科千里光中就演化出了巨大的千里木。

这种奇异的植物看起来像烧毁的仙人掌与凤梨的结合体。乞力马扎罗山上有千里木，在非洲东部其他一些山区里也有它的亲缘物种。

千里光与千里木

菊科的千里光在亚欧大陆广泛分布，千里木就是由它演化而来。只是演化之力大展身手了一番，造就出千里木这奇特的植物。

生存大师

千里木的生长地海拔较高，夜间温度经常降到0℃以下。不过这种植物已经适应了寒冷。它把水分储存在茎中，如果天气太冷，它还会收拢叶子。枯萎和风化的叶子耷拉覆盖着植株，也可以保暖隔热，也就是这些叶子使千里木看起来如此奇特。

高山植物

非洲东部的高山位于热带地区，但千里木身居高山上寒冷的高海拔地区，迎风伫立，奇特而壮观。

乞力马扎罗山的最高峰——基博峰

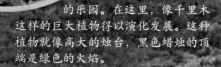

演化的乐园

非洲东部的高山是演化的乐园。在这里，像千里木这样的巨大植物得以演化发展。这种植物就像高大的烛台，黑色蜡烛的顶端是绿色的火焰。

植物小档案

千里木（乞峰千里木）

科属：菊科千里木属
栖息地：高山地带
分布范围：非洲东部

124

金盏花

藏红花的替身

　　藏红花价格昂贵，金盏花黄色的花瓣一度被用来代替藏红花，来给奶酪、米饭或者浓汤增色。

弯弯的果实

　　金盏花的种子弯弯的，像月牙一样，也有些种子会卷成环状。

种子

　　金盏花的种子形状奇特。花朵外层的舌状花序发育成种子，种子形状像弯弯的月牙，还有着小钩刺，可以钩住动物的皮毛，传播到很远的地方。而靠近花心部分的管状花序发育成的种子则卷成环状，没有钩刺。这些种子更依赖风、雨或者蚂蚁来传播。

治愈之花

　　金盏花植株有 50 厘米高，作为一种重要的药草，它自古以来都很受人们喜爱。金盏花的花朵可以制茶，对胃炎、头痛、睡眠障碍等有治疗作用。把它制作成软膏外涂也很常见。这种药膏由花瓣制作，能抑制细菌和真菌，还能促进伤口的愈合。轻微的烧伤、晒伤和炎症可以用含有金盏花成分的软膏或敷料来舒缓。你家的医药箱里或许也有金盏花软膏呢。

土壤改良者

　　金盏花美丽又实用，但是请不要采摘野生金盏花。如果你想要种植金盏花，市面上是有金盏花的种子售卖的。自己种金盏花时，可以留下一些花不采摘，这些种子就能保存到第二年。金盏花还能改善土壤。它们的根大约有 20 厘米长，可以疏松土壤，还可以防止土壤中的矿物质被雨水冲走。

植物小档案

金盏花

科属：菊科金盏花属
栖息地：光照良好的地方、花园
分布范围：温带地区

软膏

　　金盏花软膏能促进伤口愈合，还能养护干燥和敏感肌肤。

玫瑰

玫瑰的花朵格外美丽，玫瑰的芬芳尤为宜人，它如同花中的女王，无数的歌曲吟唱过它，无数的诗歌赞颂过它，在许多神话和童话故事里，它也拥有特殊的地位，例如《睡美人》和《美女与野兽》。

玫瑰是蔷薇属植物，玫瑰拥有非常多的物种，玫瑰爱好者还在不断培育新品种。

玫瑰的名字

玫瑰、月季和蔷薇都属于蔷薇科蔷薇属的植物，你分得清它们吗？在英语中，蔷薇属植物统称为rose。而在中国，蔷薇属的不同物种被分别命名为蔷薇、月季、玫瑰等。人们习惯把西方月季称为"玫瑰"，传统的月季依旧称为"月季"，藤本的蔷薇属植物则称为"蔷薇"。

大马士革玫瑰

在保加利亚的玫瑰种植区，广阔的玫瑰田里种植着大马士革玫瑰，它其实是"突厥蔷薇"，也叫"大马士革蔷薇"。不过，这种玫瑰并非用作观赏植物或切花，而是用于提取玫瑰精油，因为这种玫瑰富含植物精油。尽管如此，要想获得 1 升玫瑰精油，需要用到 3 ~ 4 吨玫瑰花。玫瑰精油每升可达 10000 欧元（约合人民币 78500 元），是世界上最贵的油类之一。

小心，扎手！

玫瑰的茎上有尖尖的皮刺。皮刺是植物茎部的凸起，由茎的表皮层形成。

历史悠久

玫瑰美丽又芳香，古代的人们就开始培育玫瑰了。

玫瑰纯露

在德国，过节时人们会吃做成可爱小猪模样的杏仁糖，玫瑰纯露是制作杏仁糖不可或缺的材料。

➡ 你知道吗？

保加利亚是世界上最大的玫瑰及其相关产品的生产国和出口国，为很多知名香水商提供玫瑰精油。玫瑰纯露是生产精油的副产品，可以用来制作护肤品等。

芬芳的"黄金"

玫瑰精油是保加利亚最著名和最昂贵的出口产品。

植物小档案

玫瑰

科属：蔷薇科蔷薇属
栖息地：花园、灌木和森林边缘
分布范围：几乎全球

欧洲七叶树

七叶树的果实是不是长得很像栗子？尽管七叶树又叫马栗、猴板栗，但却不属于栗属，它自己是一个属。在欧洲常见的欧洲七叶树，其果实不能食用，因为这种果实对人类有轻微的毒，不过对鹿、野猪和其他动物没有什么影响。

欧洲七叶树原产自希腊、阿尔巴尼亚等地。从16世纪开始，人们把它当作一种观赏树，引进到欧洲其他地区。人们喜爱七叶树，不仅因为它能供应木材，而且它的大树冠可以在夏天为人们遮阴。它常被种植在道路边和公园里，在花园和庭院里也能找到它们。

七叶树之患

在秋天，欧洲七叶树的树叶会变成美妙的金黄色和红色。然而，如今很多欧洲七叶树上往往只有棕色的枯叶——甚至在夏天也是这样。这是因为这些树受到了七叶树潜叶蛾的危害。这种小小的蛾子在七叶树的叶子上产卵，孵化出来的幼虫以叶片为食，把它们啃穿。这样一来，叶片的水分供应就被切断了，叶子就会干枯。

有刺的果实

演化使七叶树坚果的外壳上长出了刺。这些刺让饥饿的动物不敢靠近，这样，种子就可以从容地生长成熟。最后外壳裂开，种子就会掉到地上。

植物小档案

欧洲七叶树

- -

科属： 无患子科七叶树属
栖息地： 行道、公园、花园
分布范围： 欧洲、亚洲、北美洲

这种果实不能吃——但你可以用它来做手工，搭造动物或者小人偶。

➡ 你知道吗？

为什么七叶树也叫马栗树？它跟马有什么关系？人们并不完全清楚。有一种说法是："马"的意思并不是供马吃的，而是"强有力"的意思，指果实坚硬，难以食用。也有一种说法是：在过去，七叶树的果实被喂给生病的马。

欧洲七叶树是一种雄伟壮观的树木，它的树冠呈圆形或者卵形，枝叶非常浓密，是深受喜爱的行道树和公园树。

花

七叶树的花朵用它们的蜜斑标记出花蜜的位置。只有具有黄色蜜斑的花朵中才有花蜜。完成授粉后的花朵，蜜斑则是红色，也停止生产花蜜。

叶

叶片呈张开的手掌状，有5～7片小叶。

美洲红树

美洲红树生长在热带海岸的潮间带。由于红树需要平静的水域，所以它们主要生长在有海湾庇护的区域，形成一片片广阔的红树林。这种树的叶柄和花都是红色的，且其木材接触空气后会变红，因此被称为红树。

红树往往只长到几米高，也有长到 30 米高的红树。拱形的支柱根使这些树木在泥泞滩涂中能稳稳立足，并能抵御潮汐和洪水的冲刷。由于水下的根系也需要呼吸，所以红树有一个特殊的呼吸妙招：它有许许多多伸出海面的呼吸根。

种子

美洲红树的花孕育出种子，种子还在树上的时候就会发芽了。一旦成熟掉落，既可以把长芽直接插入土壤扎根，也可以随着水流漂走，在另一片海岸扎根生长。

保护海岸

红树林的根系网络可以抵御风浪，减轻海啸对内陆的危害，同时也是很多海洋动物的家园，所以红树林的作用非常重要。但是如今，红树林正在受到威胁。人们为了获取木材，或者是为了填海造陆、水产养殖，比如围场养虾，就把整片的红树林一起清除。

美洲红树等红树已经适应了这不寻常的栖息地，既可以在高盐的海水中生长，也可以在出海口地区的海水与淡水的混合水中生长。

红树林的灌木丛中，生活着许多动物，比如鹈鹕和鳄鱼。许多鸟儿在红树林中孵卵育雏，它们的粪便则为树木提供肥料。

植物小档案

美洲红树

科属：红树科红树属

栖息地：海岸

分布范围：非洲西部、美洲的热带地区

支柱根

毛地黄

毛地黄是一年生或多年生草本植物。它的基生叶多为莲座状，茎可长到 60 ~ 120 厘米，茎上长着卵形的叶片。花萼的形状很像一个个小钟，十分奇特。毛地黄的花有粉红色、紫色，有时也有白色，花朵内侧带有斑点。带有花粉的雄蕊和带有子房的雌蕊生长在花内最顶端。

剧毒和药用

在野外，毛地黄生长在空地和森林边缘。毛地黄的花朵形状奇特，而且养护要求较低，因而成为一种十分受欢迎的花园植物。但是，毛地黄全株都有毒！哪怕只是少量食用，就可能会引发恶心、呕吐和严重的腹痛，严重时甚至会导致死亡。从毛地黄的叶子中提取的药用成分可以应用到许多药物中，用于治疗心力衰竭、心律失常和心悸等。

要想找到毛地黄，多去林间空地、路边和开阔的岩石地带看看吧。

有毒！

毛地黄单个植株可以有多达 100 朵花。其总状花序总是指向正午时分太阳所在的方向。

雌蕊

雄蕊

强壮的熊蜂

毛地黄靠昆虫传粉，主要是身强力壮的熊蜂。熊蜂能钻入其花朵内部。

莲座状基生叶

在头一年，毛地黄只长绿色的莲座叶丛，要到第二年才会长出茎秆，挂上它标志性的花串。

番红花

番红花是多年生草本植物，与秋水仙是远房亲戚。在夏季，番红花的地上部分枯萎，地下的球茎进入休眠期。只有到了春、秋两季，番红花才会发芽、长叶、开花。番红花有 6 片淡紫色的花瓣，花朵上端冒出雌蕊的柱头，就像红色的丝。

雌蕊

番红花的花柱和柱头不仅能入药，还能用于制作香料和染料。并且它只能依靠手工，一根根地从花中摘取。

难以置信！

番红花的花柱和柱头可入药，又称"藏红花"。由于藏红花非常昂贵，所以它常被假冒。造假者会用色素给劣质藏红花染色，或者将藏红花粉末与其他物质掺杂在一起进行售卖，有时还会使用颜色相近的其他药粉来冒充藏红花粉。

藏红花

你可以通过其深红的颜色来识别好的藏红花。因为只有这个红色的部分才赋予了藏红花味道和着色力。

不结果子

番红花虽然有着引人注目的花朵，但番红花不会结果子，只能通过球茎无性生殖，所以它本不必用花朵招引昆虫来传粉。然而，它却长出了标志性的花朵，气味甜美而芳香。

昂贵的香料和草材

作为香料和草材的藏红花就是由番红花的花柱和柱头晒干制成的，人们摘取雌蕊，取用它深红色的上半部分。雌蕊的摘取只能通过手工完成，极费人力。一个采摘工人最好的情况下一天也只能摘取 80 克雌蕊。要想获得 1 千克藏红花，需要用到约 200000 朵鲜花！因此，藏红花的价格十分昂贵，零售时都是以克为单位售卖。依据质量优劣，1 克藏红花的价格最高可超过 150 元。

植物小档案

番红花

科属：鸢尾科番红花属
栖息地：田地
分布范围：亚洲西南部、欧洲南部和中部

伊朗的番红花

伊朗是番红花的主要种植区之一，那里的高海拔平原提供了理想的种植条件：不太湿，不太冷，也不太热。

巨人柱

巨人柱往往要长到超过 1.8 米, 才会第一次开花。蜂鸟和蜜蜂会被它的花朵吸引来, 不过它的主要传粉者是蝙蝠。

巨型仙人掌

巨人柱用几十年的时间长成一个大柱子, 然后才会开始分支。

在美国和墨西哥交界处的索诺拉沙漠中生长着巨人柱。这些植物通常有 10 ~ 17 米高, 部分个体甚至高达 20 米。12 米高的巨人柱有 150 ~ 200 岁。巨人柱把半沙漠地带为数不多的降水储存在自己巨大的身体中。巨人柱茎上像手风琴一样的棱吸水后会膨胀起来, 它还有一层厚厚的外皮可以防止自己失水过多, 因而具有极强的储水能力。

由叶片退化而来的刺

巨人柱是多肉植物, 已经适应了干燥的气候和土壤条件。一些多肉植物的叶、根或茎会变得肥厚多汁, 以储存水分。多肉植物中最著名的代表就是各种仙人掌了。为了适应炎热干旱的沙漠环境, 仙人掌的叶子退化成刺, 这样不仅能减少水分流失, 还能阻止大多数动物前来啃食。光合作用则由含叶绿素的茎来完成。茎上的气孔只在夜间打开, 那时温度较低, 也较湿润。此时仙人掌还会吸收空气中的二氧化碳气体, 并储存起来, 以便在白天进行光合作用。

植物小档案

巨人柱

科属: 仙人掌科巨人柱属
栖息地: 半沙漠
分布范围: 美国南部和墨西哥

巨大而奇特

形状奇特的巨人柱是受人喜爱的拍照对象。

啄木鸟在巨人柱的茎上打洞。姬鸮很喜欢在这些洞里栖身。

梭梭

梭梭是落叶灌木或小乔木，生长在中亚和俄罗斯西伯利亚地区。它们生长缓慢，但是根系网络非常密集，甚至能在移动的沙丘以及山坡上生长。强壮而多分枝的根系能把沙质土壤固定在一起，防止沙子被吹走。在一些地方，人们利用梭梭灌木丛重新造林，从而阻止沙漠的蔓延。

蒙古的森林

蒙古南戈壁省的游牧民族用梭梭做饭和取暖。不过，他们不会拿梭梭的嫩枝幼苗来烧火，而是使用老死的部分，这些部分也比新鲜的梭梭好烧。梭梭的树皮可以储存大量水分，有时可作为人类和动物的水源。绵羊和山羊会以它的叶子为食。抛去这些情况，梭梭也算可以不受打扰地生长。由于过去的过度放牧，梭梭的数量已经极度减少，因此，梭梭如今在许多地方都受到特别保护。

骆驼的口粮

野骆驼和野驴会吃梭梭的叶子。在蒙古南戈壁省的一些地方，梭梭树或梭梭灌木形成了稀疏的森林。

小小的叶子

梭梭通常 1 ~ 9 米高，乍一看，它们的枝条上光秃秃的没有叶子，事实上它们的叶子只是特别小而已。

植物小档案

梭 梭

- -

科属： 藜科梭梭属
栖息地： 草原、半沙漠和沙漠
分布范围： 中亚和俄罗斯西伯利亚地区

身披羽衣的居民

黑顶麻雀，又被叫作梭梭麻雀，它们在梭梭丛中寻求庇护。黑顶麻雀主要以梭梭的种子为食，有时也吃昆虫。

梭梭

知足常乐

只要很少的水，梭梭就知足啦！它们通常生长在沙质的干燥土壤中。

沙 棘

植物小档案

沙 棘
- -
科属：胡颓子科沙棘属
栖息地：松林、沙质水岸、山地
分布范围：亚洲、欧洲

先锋植物

沙棘是能在贫瘠的沙质水岸边生长的头一批植物。

沙棘是灌木或者小乔木，外观极为独特，它的众多侧枝都向着不同的方向生长。沙棘的根系在地下的深度可达 3 米，同时向四面八方伸展，长度可达 10 米。沙棘既可以通过种子繁殖，也可以通过扦插繁殖。

海岸与山地

发达的根系使沙棘在沿海地区的部分陡岸也能牢牢扎根，它既不怕风也不怕盐碱。所以，在欧洲的北海、波罗的海的沿海地区以及阿尔卑斯山脉地区都能看到它的身影。沙棘主要扎根于河岸的卵石和砾石滩上。

亚洲中部是沙棘的故乡。在那里，它扎根在蒙古草原上和阿尔泰群山之中。即使在西藏海拔高达 5000 米的地方，都还有几个沙棘的亚种适应得特别好。

注意风向

因为沙棘雌雄异株，所以如果在园内种植雌性沙棘树，要在树丛旁也栽下一棵雄性沙棘树才行。沙棘的传粉是借助风来完成的，所以栽种雄树的时候一定要注意当地主要的风向，把雄树栽种在可以随风把花粉运送到雌树上的位置。只有这样，秋天才能有个好收成。此外，沙棘还喜欢光照。

棘 刺

雌雄异株

沙棘是雌雄异株的，也就是说有的树是雄性 ❶，有的则是雌性 ❷。沙棘先开花，后长叶。

收获时刻

到了秋天，沙棘枝条上果实累累，这些小小的橙红色的果实的维生素 C 含量比柠檬的还要高。沙棘"树如其名"，长满棘刺来保护自己。它的绿叶细长，闪着银光。

蓍草

蓍草的花蜜很容易取食，于是各种各样的昆虫都聚集到了它复伞房状的花序上。

蓍草作为药用植物已经有几个世纪的历史了。

知识加油站

▶ 蓍草含有的苦味成分可以缓解胃部不适，增强食欲。它的植物精油具有抗炎和缓解痉挛的作用。

▶ 在中欧，人们曾用蓍草给啤酒调味。

▶ 在 3000 年前的中国，人们用干燥的蓍草茎求神问卜。

蓍属的植物包括 100 多种，广泛分布于亚洲和欧洲的亚热带到温带地区。还有一些品种生长在非洲北部和美洲。绵羊很喜欢吃蓍草的叶子，但对开花的草茎却不感兴趣。所以在放牧羊群的草场上通常只会剩下蓍草开花的草茎。人类则把蓍草作为香料和药用植物。

特别的花

在温带地区，开白花的蓍草最为常见。有些个体可以长到 70 多厘米。和其他菊科植物的花序一样，蓍草的花序十分特别，看上去是一朵花，实际上是由许多小花组成。小花数量众多，每朵只有几毫米大小，正是这些小花组成了大大的像盘子一样的花序。羽状的绿叶是蓍草的标志性特征。

在野外，蓍草生长在湿草地、荒地及铁路沿线。整个亚欧大陆，从北极圈到高海拔地区，都能见到蓍草的身影。同时，作为一种观赏花卉，人们也培育出了开黄色、橙色和红色花朵的蓍草品种。

羽状叶

植物小档案

蓍 草

科属：菊科蓍属
栖息地：湿草地、荒地及铁路沿线
分布范围：亚洲、欧洲、非洲北部、北美洲

凤尾蓍

凤尾蓍的花是黄色的，它起源于高加索和中东地区。这种观花植物非常健壮，养护要求不高，极易从花园里传播出去，野化蔓延。

芦苇

芦苇生长在河岸、湖岸，或是潮湿的沼泽中。秆高 1～3 米，有节，粗厚的节把芦苇秆分成多段。芦苇根系深远，不仅可以从地下吸收、储存养分，还能在水边、沼泽地等柔软潮湿的泥土里为芦苇提供必要的支撑。芦苇还能通过根状茎进行无性生殖。即使是倒在地面上的芦苇秆，也能在节上生根，长出新的植株。芦苇在 8 月至 12 月开花，授粉完成后结出小穗，小穗带着柔毛，像小伞一样，既能在空中飞行，也能漂在水上进行传播。

芦苇荡

芦苇既能通过种子进行有性生殖，又能通过根状茎进行无性生殖，尤其是通过后者，芦苇能在水域沿岸形成规模巨大的芦苇荡。芦苇秆密密麻麻，固定水土，但有时也会导致河道淤积。

好帮手

在芦苇多生的地区，人们把芦苇秆割下来晒干①，用它们铺盖屋顶②。芦苇秆表面有一层蜡质层，用它们来铺设屋顶能使屋顶具有防水效果。此外，中空的芦苇秆还是良好的隔热保暖材料。

同时，芦苇荡能为许多动物提供藏身之处和果腹之粮。各种昆虫停歇在芦苇丛中，于是又吸引来了鸟类。鸟儿在这里获得了足够的食物，同时也获得了不受干扰的育雏地。许多昆虫的幼虫在秋天钻进空心的芦苇秆里藏身，熬过严冬。而对于需要越冬的鸟类来说，比如蓝山雀，这些幼虫则是完美的储备食品。为了找出虫卵、幼虫或蛹的确切位置，它们会在芦苇秆上攀上跳下，不断敲击。如果芦苇秆的声音听起来空洞洞的，那么鸟儿就会继续寻找；如果听起来很沉闷，像被填满的管子，它们就会在芦苇秆上啄洞，从中取食。

芦苇果序

人们通常看到的蓬松的"芦苇花"，其实是芦苇的果序。

大苇莺是典型的芦苇荡居民。它的巢穴挂在几根芦苇秆上。这种鸣禽在芦苇荡中能找到足够多的昆虫、蜘蛛和蜗牛供自己和雏鸟食用。

植物小档案

芦苇

科属: 禾本科芦苇属
栖息地: 河流、湖泊、淤积区、岸边
分布范围: 几乎全球

芦苇荡给无数鸟类提供了筑巢之处，有的芦苇荡里还居住着鹈鹕。

黑刺李

黑刺李是灌木，极少种类是乔木，高4～8米，有很多分枝，浑身长满了刺，先开花后长叶。短短的花梗上开出白色的小花，这些小花挤挤挨挨，非常密集，让整丛灌木看起来一片雪白。花开过后，带有锯齿状边缘的椭圆形绿叶才陆续长出。到了夏末，黑刺李的刺之间就会挂出一颗颗蓝黑色小圆果，直径1厘米左右。果肉包裹着果核，果肉含有大量苦杏仁苷。不过，霜冻可以分解一部分这种苦味物质，在那之后，果子就可以享用了。正因为如此，人们一般会让果实在树上多停留一段时间后再来采收。

灌木丛

黑刺李既可以通过种子繁殖，也能通过根系出芽繁殖，从而形成密集的灌木丛。鸟类在这里能找到合适的筑巢地点。

花

在黑刺李的枝条上，生长着许多垂直于枝条的花梗，上边顶着花蕾。从4月开始，具有5片花瓣的白色小花就陆续开放了。

能果腹又能栖身

在春天黑刺李开花的时候，野蜂、熊蜂、食蚜蝇和众多种类的蝶与蛾都聚集到黑刺李丛中。而当黑刺李挂起累累果实时，哺乳动物和鸟类也会来大快朵颐，同时也为黑刺李传播种子。茂密的灌木丛中满是棘刺，可以保护鸟类的巢穴不被捕食者侵扰。

有用的灌木丛

黑刺李具有密集的根系，所以这种灌木很适合用来加固山坡和路堤。这种茂密的灌木丛也被种在路边和花园边缘当作篱笆，可以防风和防止大雪堆积。

炫目的访客

黑刺李的花蜜和花粉，以及花瓣、雄蕊和雌蕊，都是这种绚丽的金花金龟赖以生存的口粮。黑刺李的访客还有其他甲虫，其中一些已经濒临灭绝。

这么多果子，都挑花眼啦！

植物小档案

黑刺李

科属： 蔷薇科李属

栖息地： 森林、草原、林中旷地、森林边缘、河谷

分布范围： 亚洲、欧洲、非洲北部、北美洲

黑刺李的果实看起来很像莓果，但是它们内含果核，事实上是核果。

黄花九轮草

喜爱石灰质土壤

黄花九轮草在石灰质土壤中生长得尤为茂盛。

传粉者

黄花九轮草的花蜜位于花朵深处，所以只有具备长长的口器的昆虫才能为这些花传粉，比如熊蜂和蝶类。

➡ 你知道吗？

黄花九轮草是一种多年生草本植物，其根状茎可以越冬。根状茎会发出枝状的越冬芽，到第二年春天就会抽出新枝。

报春花属植物有 500 种以上。它们的花朵挂在茎上，看上去就像钥匙挂在钥匙串上一样。

值得保护

黄花九轮草在欧洲中部十分常见，它们尤爱生长在石灰质的土壤上。不过在其他地区，黄花九轮草就很少见了。人类对草原进行了集约化的农牧业开发，把草原变成了耕地或牧场，导致在许多地方已经很难找到野生的黄花九轮草了。黄花九轮草是多种蝴蝶毛虫的口粮，其中有些种类的蝴蝶已经濒临灭绝。这就是为什么人们应该把黄花九轮草保护起来，禁止采摘。

报春之花

黄花九轮草是一种早开花的植物，花期根据地区略有不同，在有的地方 3 月就早早开花了。

传播

花谢后，这些蒴果就孕育出来了。成熟的蒴果绽开，释放出种子，种子通过风传播。

雪滴花

雪滴花

科属：石蒜科雪滴花属

栖息地：阔叶林、混交林、林间草甸、河岸

分布范围：欧洲中南部至高加索地区，北美洲也有野化种分布

花 海

雪滴花通过种子繁殖，也可以通过鳞茎繁殖，通常紧密分布的几株植株就很快长成了一片花丛。多年生的鳞茎可以长出 2 片顶端尖细的阔叶，有时会长出 3 片，一根花莛只开一朵花。

钟形花

花莛纤细，质地娇弱，花朵向下垂挂。

雪滴花属拥有超过 20 个物种，可能起源于高加索地区。如今它们广泛分布于亚洲和欧洲，在北美洲也有一些已经野化的品种。

白雪中盛开

雪滴花是一种典型的春季开花植物，花期根据气候条件和海拔高度而略有不同，在 2 月至 4 月陆续开花。早在乔木和灌木撑开亭亭绿盖之前，雪滴花的花朵已然盛放。雪滴花喜欢生长在落叶林和混交林的湿润土壤上。人们往往看到它在皑皑白雪中盛开。尽管白色的花朵颜色与雪地相近，昆虫还是能很好地识别雪滴花，因为它的花瓣强烈反射着对人类来说不可见的紫外线。到了暮春，黄绿色的蒴果就形成了。

有毒而治愈

雪滴花是受保护物种，不得采摘。雪滴花的所有部分都有毒，尤其是它的鳞茎。食用雪滴花可能会引起恶心、呕吐、腹痛、头晕等中毒症状。

雪滴花鳞茎中含有一种可用作药物治疗疾病的成分。不过，这种有效成分如今不是从雪滴花中提取的，而是通过化学合成的。

春之使者

雪滴花在早春时节开花，此时往往还有皑皑积雪。

西洋接骨木

西洋接骨木生长非常迅速，通常有 4 ~ 10 米高。它是许多动物的庇护所，尤其受到鸟类的喜爱，鸟类在这里筑巢和藏身。白色的花序也吸引了许多昆虫。

美味又健康，但是要小心！

长期以来，西洋接骨木为人类提供食物。通过考古，人们发现，铁器时代、青铜时代甚至石器时代的人类食物遗存中，都有接骨木的身影。

今天的人们用西洋接骨木酸甜的果子制作果酱和饮料。西洋接骨木富含维生素 C 和矿物质。接骨木果汁，还有用接骨木树皮和花制成的接骨木茶，都能用在各种民间药方里，来帮人们防治感冒和胃病，增强心脏功能，促进血液循环。

不要认错！

西洋接骨木全株有毒，尤其是它们的黑色果实里的种子！西洋接骨木的果实是垂挂在枝条上的。如果你看到它的果穗直挺挺地向上立着，那就是矮接骨木。

但是要小心！它的叶子、树皮、未成熟的果实以及成熟果实的种子里，都含有一种可以转化成有毒的氢氰酸的物质。若是不加烹煮，或是果实尚未成熟就食用，那就很可能出现恶心和呕吐等症状。对接骨木果实进行加热，能大大减少毒素含量，这样就可以放心地制作果酱、果泥和果汁了。记住，加热是必需的！

植物小档案

西洋接骨木

科属：忍冬科接骨木属
栖息地：灌木丛、混交林、森林边缘和花园
分布范围：欧洲、西伯利亚西部、非洲北部

果实

从 8 月份起，西洋接骨木的果实陆续成熟。果皮下包裹着果肉和一粒种子。

花朵盛放

进入 5 月份，西洋接骨木开始开花，单生花数不胜数，构成盛大的伞状花序。

透着淡黄的小白花散发出清新的芳香。

胡椒

从花到果

胡椒长长的花序约有 10 厘米长，由多达 150 朵单生花组成。花落后结出果实。它的果实未成熟时是绿色的，等到成熟后则变成红色。

花

在印度，野生胡椒作为一种攀缘植物，能长到 8 米左右。在种植园里，人们则把胡椒的高度保持在 3 ～ 4 米。

胡椒原产于印度，在欧洲人发现美洲之前，胡椒在欧洲是一种抢手的珍贵调料。起初胡椒贸易基本被意大利垄断。香料贸易在很大程度上是欧洲城邦兴起的原因之一。当时的胡椒极其昂贵，有时甚至按粒数出售。威尼斯作为与东方进行香料贸易的重要中心，威尼斯的胡椒商人们财力雄厚，能建造起宏伟华丽的房屋和宫殿。

青色、黑色、红色和白色

根据成熟程度和加工方式的不同，胡椒最终变成了不同的样子出现在市面上，成了我们常用的调味料。

青胡椒选用的是还未成熟的果实。把这些果实在盐水中浸泡，或者在高温下烘干，也可以通过冷冻使其干燥。通过这些方式可以保持果实始终青绿。

黑胡椒选用的也是未成熟的果实。然而，这些果实被放在阳光下慢慢晒干，在这个过程中，它们开始发酵，同时胡椒果壳会收缩，表皮起皱的黑胡椒就形成了。

红胡椒则选用完全成熟的红色果实。收获后，果实被直接放入盐水，防止它们发酵。

白胡椒用的也是成熟的红色果实。果实被放入水中浸泡至软，然后去除外皮，留下的是胡椒果实白色的果核。

这四种胡椒，全都来自同一种植物，也就是胡椒。

胡椒曾经和黄金一样昂贵。如今在欧洲的一些地方，人们还会说特别贵的东西卖的是"胡椒价"。

植物小档案

胡椒

科属：胡椒科胡椒属
栖息地：种植园，野生胡椒生长在热带森林
分布范围：印度、东南亚和巴西

➜ 你知道吗？

中世纪，由于日益强盛的奥斯曼帝国阻碍了欧洲与东方的胡椒贸易，人们开始寻找新的商路前往印度。葡萄牙人的帆船绕行非洲，西班牙人驾驶帆船取道向西，试图绕地球而行，结果却发现了美洲！

海椰子

有些人觉得海椰子的种子像一个漂亮的屁股，另一些人则觉得它更像一颗心。不管怎么说，它的种子的形状都很吸引眼球。

雄花

雄性花序可长到 1.8 米长。花粉是如何传到雌花上的，依旧是个未解之谜；也许生活在海椰子树上的蜥蜴会帮忙传粉。

植物小档案

海椰子

科属：棕榈科巨子棕属

栖息地：岛屿、种植园和植物园

分布范围：塞舌尔群岛的普拉兰岛和库瑞岛

扇叶棕榈

海椰子笔直的树干可以长到 30 米高，然后开始长出扇形的叶子，它的果实也长在高高的树顶。

巴洛克时期，许多人相信这种果实生长在海底神秘的树上。欧洲的贵族甚至会让金匠把海椰子的果实抛光，饰以金银，做成装饰品。

海椰子果实

知识加油站

▶ 海椰子最早是在马尔代夫被人发现的。

▶ 世界上可能只剩下大约 8200 棵海椰子树。

有些植物的种子很轻，可以随风旅行，最后却能长成巨大的植物；有些植物的种子外裹着一层美味可口的果肉，吸引动物吞食，从而帮助传播；还有些植物的种子可以顺着水流或是洋流漂浮传播。通常情况下，植物会尽可能少地将养分投入到种子中，不会孕育太大个头的种子，但海椰子却有着世界上最大最重的种子。这也可能就是它成为当今世界上最稀有的树木之一的原因吧。它只在塞舌尔群岛中的 2 个岛上生长：普拉兰岛和库瑞岛。

神秘的种子

海椰子树分为雄树和雌树，不过也有研究人员认为海椰子树是雌雄同体的。

花粉如何从雄树传给雌树尚不清楚。也许是靠风媒，也有可能是昆虫、蜥蜴或小型啮齿动物参与其中。传粉后，种子需要长达 7 年的时间才能成熟并落到地上。海椰子的种子最重可达 25 千克，无论如何也没法靠风传播，动物也不可能携带它们。不仅如此，它掉在水里还会下沉。塞舌尔群岛上的这些海椰子，为什么能奢侈地用这么多养分结出如此沉重的种子，植物学家们也百思不解。海椰子极难在植物园里培育成功，花大价钱购买的种子不一定能发芽。

白 柳

雌性

雄性

植物小档案

白 柳

科属：杨柳科柳属
栖息地：河岸
分布范围：亚洲、欧洲、北美洲、非洲北部

白柳女士和白柳先生

柳树是雌雄异株的。一棵树要么长雄花，要么长雌花。雄花序长 3 ~ 5 厘米，由无数个单生花组成❶。雌花序长 3 ~ 4.5 厘米，同样包含众多的单生花❷。雌花和雄花都有蜜腺，能吸引蜜蜂和熊蜂。

会飞的种子

白柳通过会飞翔的种子传播，种子上长着细密的绒毛。

"白柳"这个名字要归功于其叶子背面闪亮的银白色绒毛。白柳经常生长在小溪边和河岸边，以及湿润的河畔树林中。这种强壮的树木能用它的根系加固河岸，在洪水期间防止土壤流失。

神奇的成分

白柳中含有一种味道苦涩的物质——水杨苷，可以用来保护自己，防止动物啃食。而这种本是用于伤害动物的物质，却对人类颇有益处。水杨苷进入人体后会转化为水杨苷原、水杨酸等，具有解热、镇痛、抗炎、抗风湿等作用。古人已经会用白柳皮治疗疾病，但直到1828年，化学家才成功地从白柳皮中提取出水杨苷。水杨酸和乙酰水杨酸的生产已有100多年的历史。乙酰水杨酸，它的专利商品名——"阿司匹林"也许更广为人知，阿司匹林已经成为世界上最著名和最畅销的药品之一。

白 柳

白柳高达25米，是非常高大的柳属树种。它的枝条上长着细长的树叶，叶片背面长着细细的绒毛，银光闪闪，边缘有细锯齿。

银白色的叶片背面➤

大豆

大豆可以磨成豆浆，再凝结成块，这种凝结物通过压制脱水就做成了豆腐，与奶酪生产很相似。豆腐是亚洲常见食品。

大豆田

美国中西部的玉米带，除了种植玉米，也种植大豆。除了巴西和阿根廷，美国也是世界上最大的大豆生产国之一。

如今，在中国、日本以及欧洲中部和东部的一些国家，我们仍然可以找到大豆的原始形态——野生大豆。人们栽培的大豆就是用野生大豆培育出来的，大豆现在已经是世界上主要的经济作物之一。全世界大豆总产量中，很大一部分来自南美洲，这里有大量的雨林被清除，以便获得土地，单一种植大豆。

吸引空气中的氮

大豆的根部有团块状的小根瘤，其中的细菌可以吸收空气中的氮并进行转化，供植物利用。欧洲的土壤中不具备此类细菌，人们就会给大豆种子接种这种细菌。因此，大豆不需要额外施用含氮的人工肥料，它们可以自给自足。

大量蛋白质

大豆因为富含油脂和蛋白质而格外重要。大豆所含的蛋白质在营养价值上可与动物蛋白相媲美。不食用肉类的人可以从豆制品中获得他们所需的大部分蛋白质，比如饮用豆浆或食用豆腐。不过，每年的大豆生产总量中，大部分用于制成动物饲料，也被加工成燃料，最终出现在人们的餐桌上的大豆，其实占比最小。

大豆花

这些白色或紫色的花朵是自花授粉的。

收获在即

每个豆荚中最多可长6颗豆粒。豆荚一开始是绿色，后来变成草黄色、灰色或深褐色。这些大豆现在已经可以收获了，人们现在可以用联合收割机来收获大豆了。

植物小档案

大 豆

- - - - - - - - - - - - - - - - - - -

科属：豆科大豆属
栖息地：种植园，野生大豆分布于水岸和潮湿地带
分布范围：几乎全球

有些餐厅会提供这种未成熟的绿色毛豆作为小菜，豆荚和豆粒都还没变硬。

植物的感官

植物在很长一段时间内被低估了，人们并不相信它们具备类似于视觉、听觉、触觉、嗅觉和味觉的感官。但是，实验室中的实验和人们在自然界中的观察都表明，植物能够敏锐地感知周围环境的变化并做出反应，甚至还能相互交流。有些植物似乎还具有记忆能力，尽管它们既没有大脑也没有神经系统。

植物如何感知光线、声音、触碰和气味，以及它们如何处理这些信息，在很大程度上仍是未解之谜。感知所需的传感器位于植物的不同部位，例如根部或叶子里。植物也没有专门的神经细胞来传输信息，这项任务由普通的植物细胞来完成。

听 觉

玉米幼苗的细细的根须尖端会发出"咔嗒"声，而且很明显它们也有听觉——它们的根系会朝着人工发出的"嗡嗡"声的方向生长。当声音的频率处于 200 ～ 300 赫兹时，这种现象尤为明显——赫兹这个单位表示每秒的振动次数。研究人员还证实，谷类植物的根尖也能发出和感知声音。然而，这究竟是为什么，依然是个巨大的谜。难道植物之间也能相互交流？

嗅 觉

金合欢树❶可不喜欢被啃食，它会保卫自己：一旦被啃食，金合欢树的叶子就会产生一种对啃食者有害的毒素来反击；被啃食的部位也会释放出乙烯气体，飘到树上其他未受伤的部位，甚至飘到邻近的金合欢树上，使其也立刻分泌毒素。这种毒素可以破坏动物的消化系统，甚至导致死亡。

菟丝子❷是植物界的"寄生虫"，它通常寄生在豆科、菊科、蒺藜科等多种植物上，吸取它们的营养。那么，菟丝子怎么知道寄主长在哪里？纤细的茎该往哪个方向缠绕？原来是植物的气味泄了密。如果让菟丝子在番茄和小麦之间选择，它就会朝着番茄的方向生长。因为番茄更有营养，它们的气味更具吸引力。那就祝它用餐愉快吧！

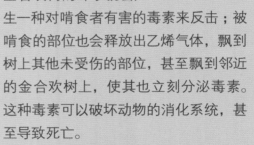

视 觉

植物没有眼睛，但它们确实有遍布全身的光传感器，可以感知蓝光、紫外线和红光等。这些光传感器中，有一些能记录蓝光，并利用这种感知来确定光照的持续时间和方向。植物也会对此做出反应，它们会据此调整叶子的方向，保证叶片能获取最佳光照。还有一些光传感器则能记录紫外线，并利用它来确定白天的长度，再结合当时的温度，植物就能设定自己的"内部时钟"。通过这种方式，植物就能知道它们何时要准备迎接秋季的寒冷，何时必须落叶；到了春天，植物也能知道它们应该何时准备发芽开花。而借助于识别红光的光传感器，植物还能辨认出那些遮挡了自己光照的其他植物。

◀ 抱子甘蓝

方向感

植物的地上部分包括茎和叶，它们一般朝着光照方向生长。而植物的根则相反，它必须在黑暗之中找到通往水源的道路，而水源一般都在地下。在植物根冠的柱状细胞中，含有特殊的淀粉体，这些淀粉体会向重力方向沉降，给感应器施加压力。这种重量的压力就告诉了植物，哪里是向下。

味 觉

这株抱子甘蓝尝到了危险的滋味。

某些种类的蝴蝶会用一种胶状物质把卵粘在抱子甘蓝的叶上，以便幼虫一孵化便立即有美味可享用。然而，抱子甘蓝具有传感器，能尝出胶状物质的味道，或是尝出胶状物质中某种成分的味道。于是它立即散发出一种气味，吸引寄生性的姬蜂。姬蜂也产卵，不过它是把卵产在蝴蝶的幼虫和蛹中。姬蜂卵孵化出幼虫后，便把它们不情愿的宿主从里到外吃个干净。

野生的烟草也能通过害虫的唾液或排泄物来识别它们，并召唤害虫的捕食者前来赶走它们。

刚 毛 ▶

苍 蝇 ▶

①

触 觉

如果昆虫只触碰到捕蝇草①诱捕叶内侧的一根刚毛，一开始太平无事。如果它在十几秒钟的时间里又碰到捕蝇草的另一根刚毛，陷阱才会突然关闭。刚毛被触碰时，一股微弱的电流流向两片诱捕叶表面，造成叶瓣内外压力不同，叶瓣因此闭合。

有些植物，比如生长在没有遮挡的地方的欧洲山松②，会被风反复吹动。然后，遗传物质中的某些基因就被激活，这些基因负责降低生长形态。于是树就在风的面前弯下腰了。

哪怕是最轻微的触碰，含羞草③也会迅速反应，收拢叶片。不过，含羞草会学习识别那些无害的触碰。

②

有些植物，比如这种欧洲山松，生长形态非常多样：有时高大，有时弯曲。在阿尔卑斯山脉或是比利牛斯山脉，它们的树干往往低俯在地，枝杈丛生，呈灌木状。这种亚种也被叫作矮松、曲木松等。

③

闭 合 ▶

张 开 ▶

向日葵

向日葵的花冠让人联想到太阳，而且向日葵与太阳有一种非常特殊的关系。在生长阶段，向日葵的嫩叶和尚未开放的闭合花蕾会跟随太阳的移动而转动方向。但是，向日葵完全没有肌肉，它是如何做到这一点的呢？原来，在向日葵体内有一种怕光的生长素，生长素在向日葵向阳部分的分布较少，在背光部分分布较多，于是背光部分就比向阳部分长得更快，使得向日葵始终朝向太阳。通过将绿叶朝向太阳，植物可以多捕获一些阳光。完全成熟的向日葵，其花朵不再跟随太阳转动，它们会始终朝向东方。

征服世界

向日葵原产北美洲。4500 多年前，它就被北美洲原住民作为食用植物进行栽培，因为向日葵种子含有特别丰富的脂肪和蛋白质。西班牙人将向日葵带到了欧洲，它在欧洲作为观赏植物被栽种，后来人们才发现它是一种油料植物。如今，好种好养的向日葵在全世界的田地里被广泛种植。

矮子和巨人

向日葵通常长到 2 ~ 3 米高。不过也有一些较矮的物种，只有 70 厘米高。还有些向日葵可以长到 4 米多高，这些物种就被取了蒙古大向日葵或美国巨人向日葵这样的名字。

➡ 纪录
9.17米

2015年，德国一位园艺爱好者的巨型向日葵长到了9.17米高。

巨型向日葵

这株向日葵有 6.1 米高。只有在施肥良好的情况下，向日葵才能长到这么高。

富含油脂的种子

葵花籽含有大量油脂，可以烤熟食用，或用于榨油。

密密麻麻

它的花序由成千上万的密密麻麻的管状花组成。

印加人崇拜向日葵，认为它是神的形象。一朵向日葵的花冠可以由 15000 多朵管状花组成，也会结出同样多的葵花籽。

植物小档案

向日葵

科属： 菊科向日葵属
栖息地： 花园、田地
分布范围： 温带、亚热带和热带地区

茅膏菜

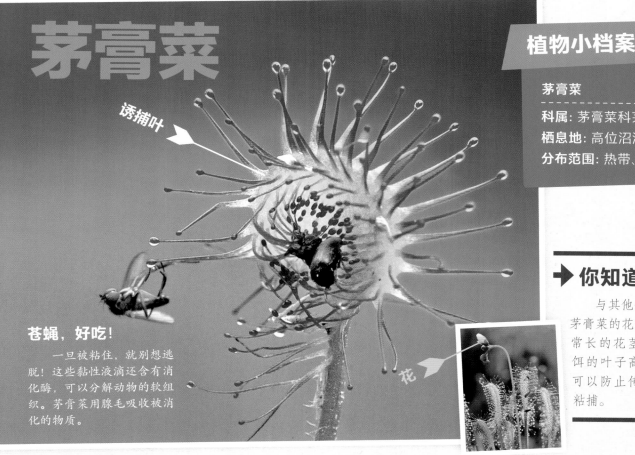

诱捕叶

植物小档案

茅膏菜

科属：茅膏菜科茅膏菜属
栖息地：高位沼泽
分布范围：热带、温带地区

苍蝇，好吃！

一旦被粘住，就别想逃脱！这些黏性液滴还含有消化酶，可以分解动物的软组织。茅膏菜用腺毛吸收被消化的物质。

花

➡ 你知道吗？

与其他食虫植物一样，茅膏菜的花通常也坐落在非常长的花茎上，比作为诱饵的叶子高出许多，这样可以防止传粉昆虫被意外粘捕。

高位沼泽是沼泽发展的后期阶段，这里是神秘的地方，不少"犯罪事件"都在这里上演——沼泽世界危机重重，一种食虫植物——茅膏菜，正在那里大开杀戒。

黏黏的陷阱

茅膏菜的腺毛在阳光下闪烁着诱人的光芒，就像叶子上的露珠一样。这些长着细长腺毛的叶子实际上是诱捕叶，会分泌一种黏性的、芳香的分泌物，外观好似小水滴。一旦昆虫被吸引，落在一片叶子上，就会不可避免地被粘在上面。而当昆虫试图逃跑，越是挣扎扭动，就有越多的黏性液滴粘住它的身体。接着，诱捕叶慢慢地把猎物包裹起来，黏黏的陷阱把猎物牢牢锁住。茅膏菜分泌出一种特殊的消化液分解猎物。通过这种方式，植物获得了宝贵的营养物质，其中主要是氮。食虫植物因此可以在大多数其他植物无法生存的极端环境存活，甚至在营养贫瘠的沼泽地也能生长。

当心！

在很多国家，茅膏菜都受到法律保护，禁止采挖。但人们可以在园艺商店和花草市场买到它的种子或者盆栽。

既危险又美丽

茅膏菜腺毛上的黏性液滴闪闪发光，非常漂亮。叶子边缘的腺毛比中间的更长。

种类多多

圆叶茅膏菜很常见，长柄茅膏菜❶和英国茅膏菜❷很特别。

花蕾

❷

❶

147

长叶车前

长叶车前是一种不怎么起眼的植物。它主要依靠风媒来传播花粉，所以就不需要长出夺目的花朵来吸引昆虫。不过，在传粉这件事上，昆虫倒也时不时帮它一把。长叶车前的花序坐落在长长的茎上，细细的雄蕊从微小的花朵中挺立出来。这种植物紧贴地面的部分形成莲座叶，叶片细长而尖，长叶车前的"长叶"就来源于此。它的名字的另一部分来自它喜欢的栖息地之一——路边车前。不过，在田野和草地上也能发现它的身影。作为一种典型的先锋植物，在荒废野化的地基、瓦砾堆和荒地上，它都能定居。长叶车前把运送种子的工作交给了动物和人类。湿润的种子会膨胀，变得黏黏的，粘在爪子、皮毛、鞋底和轮胎上，这样它们就能传播到很远的地方，而且自然会生长在有动物出没的小路和道路附近了。

药用植物

长叶车前也是一种药用植物。它含有治疗咳嗽和呼吸系统疾病的成分。它也可外用，比如处理伤口。徒步的人认识这种植物，把它当作紧急情况下的敷料膏药，或者治疗荨麻刺伤。对付蚊子叮咬，长叶车前也有疗效。它的汁液可以舒缓昆虫叮咬后的肿胀和瘙痒。只需将揉碎的车前草叶子敷在被叮咬的地方就行。

车前草的叶子、花序和部分茎，都可入药，可以晒干后储存。

知识加油站

▶ 长叶车前生长得很快，且很容易蔓延开来，在北美洲被视为入侵性杂草。

▶ 车前属的拉丁文学名是 "*Plantago*"，意思是"脚跟草"，可能是因为黏黏的种子会附着在脚底。

花 序

长叶车前的花小而不明显。先是下部的花盛开，随后是上部的花盛开。

植物小档案

长叶车前

- -

科属： 车前科车前属

栖息地： 草地、荒地、田野、碎石堆

分布范围： 亚洲、美洲、欧洲、非洲、澳大利亚和新西兰的温带地区

长叶车前通常有 10～50 厘米高。它的花看起来像是果穗，拥有纤长的雄蕊。

凤仙花

鹦鹉花

这难道不是振翅欲飞的小鹦鹉吗？这种花在泰国、缅甸和印度都有发现，被叫作鹦鹉花。

蜜腺

甜汁蜜液

芳香的蜜腺坐落在叶基处，分泌着含糖的花蜜。蜜蜂和熊蜂纷纷飞来，忽视了花蜜较少的本地植物。

植物小档案

凤仙花

科属：凤仙花科凤仙花属

栖息地：稀林、森林边缘、河谷低地、湿地草甸

分布范围：亚洲、欧洲和北美洲

喜马拉雅凤仙花在许多地方都爆炸式传播蔓延，挤压了当地植物的生存空间。

凤仙花特别受儿童欢迎，因为它的果实很容易爆开。成熟的蒴果内有压力，即使是最轻的触摸也会让它瞬间沿着缝隙爆裂开，里边所含的种子被炸飞，抛掷距离最远可达 7 米。在亚欧大陆、非洲和北美洲，总共分布着 900 多种凤仙花。其中，水金凤很著名。不过有些凤仙花物种会被划为外来物种。

引入和出逃

有一种凤仙花叫作喜马拉雅凤仙花，它原产于印度和喜马拉雅山脉，19 世纪 30 年代，欧洲人把它作为一种观赏植物引入欧洲花园。养蜂人喜欢这种植物，因为它的花比绝大多数植物产生更多的含糖花蜜。不过，喜马拉雅凤仙花并不安于小小花园，它的种子不仅靠弹力传播，还可以通过流水传播，这使得它迅速在欧洲普及。同时，它的生命力非常顽强，如果把它折断，茎秆上能接触土壤的茎节就会立刻向下生根，向上生芽。

向喜马拉雅凤仙花开战

时至今日，喜马拉雅凤仙花几乎在整个欧洲野化分布。在欧洲的一部分地区，人们担心它们会挤压和取代本地植物，于是向喜马拉雅凤仙花开了战：这些凤仙花被连根拔出并销毁。凤仙花和它的种子绝对不可以用于园圃堆肥，因为凤仙花会在那里飞快生长蔓延！

哪怕只是轻轻一碰，比如一滴雨滴落下来，这枚果荚就会爆裂开来，把种子弹射出好几米远。

种子

➡ 纪录

4000颗

单单一棵喜马拉雅凤仙花就能生产多达4000颗种子。

曼陀罗

曼陀罗属有 10 多个物种。其中分布特别广泛的就是曼陀罗。曼陀罗以其白色的花朵闻名，又被叫作醉心花、狗核桃，它喜欢温暖和阳光充足的环境，生长在开阔的碎石滩、路边和田地里。

嘴巴长，才能尝

曼陀罗是一年生植物，通常有 30 厘米至 1.2 米高。它的喇叭状的花朵长达 10 厘米，果实带刺，花和果实都非常显眼。傍晚时分，当飞蛾开始四处飞翔，花朵就适时盛开了。由于花朵颀长，花蜜位于漏斗状花朵深深的底部，所以只有具备长长口器的昆虫才能为它传粉。花朵具 5 片花瓣，檐部有 5 浅裂。花朵孕育出的果实成熟后以十字形爆裂开来。

剧毒！

曼陀罗全株有毒，根部和种子含有的毒素尤其多。这些毒素能阻断人体神经冲动的传递，从而导致瘫痪，也能引起感觉错乱和中毒。在欧洲，古时候人们曾经用曼陀罗酿制"巫师药水"，有时也把它用作草药，比如用来治疗哮喘。中国古代，人们将其制成麻醉药。

植物小档案

曼陀罗

科属： 茄科曼陀罗属
栖息地： 路边、瓦砾场、荒地、耕田
分布范围： 几乎全球

果实

难以置信！

据说，15 粒曼陀罗种子可以使一个成年人因呼吸衰竭而丧命。

☠ 有毒！

四海为家

曼陀罗在全世界均有分布，常常生长在田间地头以及路边道旁，此外垃圾场和瓦砾场它也并不嫌弃。

种子

在果子状的蒴果中，几十颗种子静静地生长着。当蒴果成熟，就会裂开，种子就可以开始传播了。

花与果

曼陀罗的花是白色的，呈漏斗状，果实带刺——与木本曼陀罗不同，这两者很容易发生混淆，曼陀罗的花不像木本曼陀罗那样垂挂向下，而是直挺挺地向上竖立。

冬青

花

冬青是雌雄异株的，也就是说，有的冬青是纯粹的雄株，另一些是纯粹的雌株。图中的雌花 **1** 是雌株的，雄花 **2** 具有挺出的花药。

冬青一般是常绿灌木，有时也会长成乔木。常绿意味着它即使在秋天和冬天也不会落叶。它的叶子亮闪闪的，看起来就像被镀了一层光一样。

受到保护

在欧美国家，有些种类的冬青树已经濒临灭绝并受到保护 ——尽管它分布广泛。为什么呢？原来一到冬天，大量的冬青树就被人们从森林挖出，作为圣诞节的装饰。因为这种植物是为数不多的即使在冬季也保留叶子的灌木，能很好地装饰房间。根据欧美国家民间流传的说法，冬青会带来好运，它的尖刺则能驱邪辟厄。而且，冬青的雌株缀满了红色浆果，格外惹人觊觎，它们总是被首先洗劫一空。所以，冬青最后还是被保护了起来。

有毒

冬青的浆果对人类有毒。而鸟类则能消化这些对人来说有毒的软嫩浆果，再把消化不了的种子排泄出来，从而为冬青完成播种大业。

小红果子，真漂亮！

小鸟口粮

这只蓝山雀可以做到人类无论如何都不能做的事：吃掉这棵冬青的美味浆果。

树木

这棵欧洲冬青因为没有遮挡而自由生长，高度约 15 米。森林里的冬青很少超过 5 米高。

成熟的果实红艳艳的，豌豆大小，看起来就非常美味，挑动食欲，不过它们可是剧毒的！

锯齿叶

生长在树木下部的叶片，容易被狍子或者其他动物啃到，这些叶片为了保护自己都长满了锯齿。而再高一点儿的树顶，大部分叶片的边缘是平滑的。

植物小档案

冬青

科属：冬青科冬青属

栖息地：森林边缘、混交林、阴凉处

分布范围：亚洲、欧洲、非洲北部、北美洲和南美洲

汉荭鱼腥草

植物小档案

汉荭鱼腥草
- - - - - - - - - - - - - - - - - - -
科属： 牻牛儿苗科老鹳草属
栖息地： 有遮阴处，常见于卵石滩、山林、岩壁、沟坡、路旁
分布范围： 亚洲、欧洲

汉荭鱼腥草的花具有 5 瓣粉红至紫红的花瓣，茎分叉，披细柔毛。

汉红鱼腥草也叫纤细老鹳草，因为它的子房看起来像个尖尖的鹳嘴。

在采砂场、卵石坡和铁轨下铺设的石子里，都能看到汉荭鱼腥草。

每种植物和动物物种都有一个拉丁文学名，是按照卡尔·冯·林奈提出的科学的双名法来命名的，也就是说，学名应由该物种的属名和种名构成。当林奈打算给这种植物起个学名时，据说他闻着这种植物难闻的气味，不禁想起了一个名叫"Robert"的熟人，这个家伙显然不怎么爱洗澡。于是林奈把这种植物命名为"Geranium robertianum"。汉荭鱼腥草的叶片磨碎后会发出刺鼻的气味，所以人们以前也用它来驱赶蚊虫和防蛀。

光照太多对汉荭鱼腥草不利。如果它感到光线太强烈，就会合成深红色的防晒成分。

进出的种子

授粉完成后，花朵孕育出一枚果实，果实有多个腔室，使种子能以一种特殊的方式传播：随着果实变得干燥，果壳开始绷紧，突然之间，果壳片从中心轴柱上分离开，像发条一样卷起来。此时种子被猛烈甩出，常常能甩出几米远。通过这种方式，种子甚至能落到树上，在树上发芽。汉荭鱼腥草还能生长在岩石和墙壁上。

汉荭鱼腥草的种子靠弹射片发射出去。❶现在，种子们还乖乖附着在绷紧的弹射片上，等着它积累到足够的张力。❷两颗种子已经射出去了。❸现在所有种子都射出去了。

弹射片

种子

❶ ❷ ❸

沙茅草

在海边，穿过那里的沙丘走到海滩，到处都是这种沙茅草。它是沿海地带最重要的草，因为它能固定沙丘，防止细沙被吹走以及防止沙丘移位。沙茅草生长迅速，最重要的是，它的根系密集。要是别处的沙子飞来把沙茅草盖在下边，它就会生出新的根茎，从沉积的新沙中再长出来。这种直立生长的强壮的草紧紧地生长在一起，形成有效的防风屏障。

但是，如果游客被沙滩大海吸引来，肆意踩压沙滩上的沙茅草，那么风就能吹起沙子，在沙丘上形成一道道细细的沟壑，这些沟壑会逐渐变成深沟。这就会导致沙茅草提供的防护荡然无存。这就是为什么在海滩上只允许人们走标记好的人行道路，不允许踩踏沙茅草。

先锋植物

沙茅草极其健壮，不挑剔环境。哪怕是在刚形成的沙丘上，它也是头一批赶来定居的植物之一。沙丘积蓄雨水，这样沙茅草才能凭借它长长的根汲取水分，毕竟就算是沙茅草也不想长在盐水里。沙茅草是先锋植物，能为后来的植物改良土壤，也为众多动物提供了栖息环境，比如昆虫、鸟类和哺乳动物。

植物小档案

沙茅草

科属: 禾本科滨草属
栖息地: 海岸、海滩、沙丘
分布范围: 几乎全球

风从四面八方来，把沙茅草的茎秆吹得到处散开，它的茎秆尖端甚至能在沙滩上划出个圆圈来。

➡ 你知道吗？

以前，人们会用沙茅草的叶子制作粗绳和地垫。

人们对沙丘进行加固以防止海水侵袭。固定沙丘时，人们会种植沙茅草。

嘘！这是我的秘密藏身地。在这儿，我非常安全呢！

沙茅草甚至能承受强风和飞沙。它的草茎富有弹性，可以长到1米多高，被吹弯之后总能再直起腰来。

灰海豹把这种沙茅草当作隐蔽和防风的好地方。

153

驴蹄草

驴蹄草的果实内含无数颗会漂浮的种子，可以顺着水流传播。

喜水

驴蹄草喜欢临水生长，比如在沼泽草甸上、河谷森林中，或者沿着溪流和水沟生长。

驴蹄草分布在北半球温带至北极圈，从欧洲、亚洲到北美洲和北极圈附近都有它的身影。驴蹄草装饰着寒冷的湿地草甸和沼泽。驴蹄草要想传播种子，必须依靠水。由于越来越多的溪流河道被截弯取直，同时湿地草甸被排水抽干，一些地区的驴蹄草已经非常罕见甚至濒临灭绝。它的果实呈星形排列，里边的种子成熟后会被雨水冲刷出来。种子有充满空气的空腔，使它们能浮于水面，沿着溪流、沟渠传播，沿着水岸繁殖生长。驴蹄草可以长到 15 至 60 厘米高。

可不要吃它！

牧牛不吃驴蹄草实乃事出有因——它有毒。只是人类并不总是像牛那样能识别出驴蹄草。人们以前也摘取驴蹄草的花蕾，用醋和油腌制后食用。于是就经常导致中毒，伴有呕吐和腹部痉挛。在任何情况下都不要这样做！如果体质敏感，光是皮肤接触驴蹄草就会引起皮疹和肿胀。

植物小档案

驴蹄草

科属: 毛茛科驴蹄草属

栖息地: 沼泽草甸、溪岸、水沟旁、森林河谷

分布范围: 亚洲、欧洲、北美洲

黄衣佳丽

3 月，驴蹄草的花蕾❶就陆续绽放，花朵通常具 5 片黄色的花瓣，这是它的典型特征。雄蕊❷清晰可见。中间是雌性心皮❸。

❶

❷

❸

黄油

➡ 你知道吗？

在德国，人们也管驴蹄草叫"黄油花"，据说以前人们利用它染色力强的色素给黄油增色。

烟草

植物小档案

烟草
- - - - - - - - - - - - - - -
科属：茄科烟草属
栖息地：温暖地带、种植园
分布范围：几乎全球

收获烟草

人们首先采收绿色的烟草叶，然后把烟叶晒干或者烤干。这些干燥的烟叶就可以用来制作香烟、雪茄或者烟丝了。

防御高手

烟草是一种聪明的植物。它有许多不同的办法来保护自己，防御捕食者。其中一招，就是使用神经毒素尼古丁。

烟草原产南美洲，后来传遍了整个世界。香烟就是用烟草制成的。我们当然清楚，吸烟有害健康，甚至会导致死亡。烟草中会刺激人体神经系统的尼古丁，本来是烟草用来防御捕食者的武器。

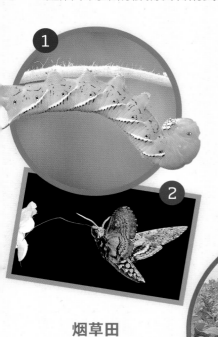

烟草天蛾

烟草天蛾毛虫❶吃烟草叶。尼古丁无法损伤它们分毫。如果烟草觉得忍无可忍，就会通过气味召唤昆虫。但是，烟草也指望着烟草天蛾为它传粉❷。

烟草田

人们用野生烟草培育出了高产的烟草品种，把它们种植在种植园里。

闻火而动

野生烟草的寿命只有一年。它的种子落入土壤后，要在那里静静待上数年至数十年，有时甚至数百年，因为它要一直等到一场野火发生，被焚烧后的植物灰烬中有某种物质，野生烟草的种子闻到这种物质才会发芽。此时就不再有什么竞争植物，还有草木灰作为肥料，于是烟草就得以迅速生长。

引来敌人的敌人

不过，虽然竞争植物没有了，但是捕食者已经就位了，例如兔子。一旦有兔子开始啃叶子，烟草就会分泌苦涩而有毒的尼古丁，这种毒素能破坏啮齿动物和大多数贪婪的昆虫的胃口。可惜烟草天蛾毛虫对这种毒素是免疫的。不过，野生烟草能"尝出"毛虫的唾液，继而不再分泌尼古丁，而是产生一种气味，把特定的会吃烟草天蛾毛虫的掠食性昆虫引来。这些昆虫把口器刺入毛虫，把它吸干吃净。现在，问题解决了，敌人被击退了。在此期间，烟草结出的种子已经在土壤中等待它们的良机。毕竟在这段时间里，已经有许多其他植物的长势超过了野生烟草。不过，等到下一次野火，一切都会重新开始，烟草种子就可以发芽了。

欧洲银冷杉

冬季

作为针叶树，哪怕是冰天雪地，冷杉也能生存。在冬季，它几乎不需要水，它的树形也使得积雪容易滑落。

冷杉属有 50 多个物种，其中欧洲银冷杉在欧洲特别常见。"银冷杉"这个名字是因为其幼树有着银白色树皮。它的高度可超 50 米，最大树龄为 600 年，是令人印象深刻的强壮树木。不过经济林中的冷杉通常在 90 至 130 岁时被砍伐。冷杉的木材与云杉相似，可用于制造家具和建筑，也可用于生产纸张。

球果那些事儿

每棵冷杉树都既可开出雄球花也可开出雌球花，所以冷杉是雌雄同株的。欧洲银冷杉要到 50 岁左右才开花，其他树种则 30 岁就开花了。风把花粉带给雌球花，授粉后的雌球花逐渐发育成挺立枝头的锥形球果。

一枚枚球果在秋天成熟，球果带着种子一起脱落，种子掉出，只剩下树枝上光秃秃的中轴。所以那些躺在森林地面上的包含着种子的完整球果并非冷杉的球果，其实主要是云杉的球果！

哦，圣诞树！

银冷杉经常被用作圣诞树，摆放在家，精心装饰。不过，同样被当作圣诞树的也有高加索冷杉，它们的针叶更厚密，更加让人倾心。人们在种植园专门培植高加索冷杉用作圣诞树。主要的圣诞树生产国是丹麦，每年向全世界出口数百万棵圣诞树。但有时，圣诞树也可能是云杉。

球果

人们可以通过球果的不同来区分冷杉和云杉。冷杉的球果挺立枝头，云杉的球果向下垂挂。

花

从 5 月起，银冷杉的枝头长出浅绿色的花朵。它们靠风媒传粉。

植物小档案

欧洲银冷杉

- -

科属：松科冷杉属
栖息地：山地
分布范围：南欧、中欧、东欧、巴尔干半岛

冷杉在山区生长，它为山区防止雪崩提供了重要保护。

茶

采茶是烦琐的手工劳动，需要用手指采摘枝头嫩芽，制茶只用这个部分。

也有一些茶园近年来开始采用机器化采收。重要的茶叶种植国包括中国、印度、斯里兰卡和肯尼亚等。

加 工

先使鲜茶叶通过萎凋或杀青而变软，然后进行揉捻、发酵、干燥和分类。

茶叶品种

新鲜采摘的绿色茶叶经过后续的处理加工后，生产出绿茶、红茶、黄茶、白茶以及其他茶叶品种。

几乎全世界都饮茶。野生茶树最初产自中国。中国人在 5000 多年前就发现，茶树的叶子干燥后用热水冲泡，就是一种可口又提神的饮料。中国有着悠久而丰富的茶文化。17 世纪中叶，英国人学会了品鉴茶叶，因此英国也被认为是喝茶的国家。

在茶园里

茶树是常绿灌木，常见高度为 1 ~ 6 米。种植园内的茶树会定期修剪，这样能提高产量，同时使茶叶更易于采摘。在生产特别优质的茶叶时，只会采摘叶芽和枝条最顶端的叶子。

茶叶的颜色怎么变深的？

收获的茶叶用机器揉捻，在这个过程中，部分植物细胞破裂，细胞液流出。细胞液含有某种酶，这种物质与叶片中的某些有机物质结合就会发酵。发酵之后再烘干叶子，此时茶叶就变成了深褐色至黑色。要是想生产绿茶，那么正好相反，要通过给茶叶加热来防止发酵。加热能破坏叶子中负责发酵的物质，而叶子则可保持绿色。如果轻微发酵或部分发酵，就会得到白茶或黄茶。最后则需将茶叶晒干并手工分拣，茶叶就做好了。

植物小档案

茶

科属: 山茶科山茶属
栖息地: 湿润的山坡茶园
分布范围: 中国、印度、斯里兰卡、肯尼亚、日本等

茶树花

茶树的花朵具有大量花药，逐渐发育成圆形的果实，内含种子。

菟丝子

菟丝子紧紧地缠绕着它的宿主，用自己的吸盘组织连接宿主植物的维管束，以此吸取营养。

吸盘

菟丝子花

宿主付出巨大的代价，使得菟丝子绽开了它美丽的花朵。

菟丝子属有约 170 个物种，所有的物种都是寄生植物，它们以牺牲其他植物为代价发育成长。菟丝子的生命始于一颗落地的种子。这颗种子不像其他植物那样长出根须，而是长出一根细管，曲折蜿蜒，到处寻找，直到碰到一株宿主植物。在这个过程中，菟丝子依靠嗅觉前行，它拥有感觉细胞，可以感知潜在的宿主植物的气味，并使自己的细管朝着气味来源的方向生长。

番茄优先

在挑选宿主时，菟丝子可是个有口味偏好的"美食家"。如果让它在小麦和番茄之间做选择，它就会被后者吸引，向番茄爬去，直到接触到番茄的茎。最终，菟丝子的茎管缠绕在番茄茎上越爬越高。它的茎管会长出小吸盘吸附在番茄茎上，软化番茄茎的外层细胞，于是，菟丝子就与宿主的维管束连接起来了。

菟丝子是一种全寄生植物，它从番茄植株中获取自己生长所需的一切：水、矿物质和糖分，甚至不自己进行光合作用，因为它没有叶绿体。菟丝子的叶子非常小，几乎难以看清，已经退化成两毫米大小的鳞片。菟丝子不接触土壤，只是牢固地寄生在宿主植物上，它开花结种，种子落在地上，然后一切又重新开始。

一团乱麻

菟丝子属的植物大多是些嫩茎，粗细仅有一毫米左右。这些嫩茎攀爬在宿主植物上，相互交织分叉，构成乱网，缠绕住宿主的茎和叶。

植物小档案

菟丝子

科属：旋花科菟丝子属
栖息地：热带至温带地区
分布范围：几乎全球

巨魔芋

如果前往印度尼西亚的苏门答腊岛，在那里的热带雨林中漫游，那么你可能会遭遇一股难以忍受的臭味，就好像是腐烂的鱼，或者是动物的尸体。这臭味的罪魁祸首是世界上最奇怪的植物之一——巨魔芋。

巨型块茎

在雨林的灌木丛中，巨魔芋有数年时间都只是过着不显眼的隐居生活。在这段时间里，这种植物就是一个块茎，块茎中会长出唯一一片叶子。叶子用好几个月积累营养物质，然后都储存在块茎中。有时叶子会枯萎，块茎会静休一段时间。不过新的叶子还会长出，块茎也继续生长。当块茎长到至少20千克重时，只需几周，块茎中就会长出一片苞叶和一个令人叹为观止的高大的肉穗花序，特殊的气味就从这里散发出来。

扩散气味的桅杆

与环境温度相比，巨魔芋花序具有更高的温度，高温使得空气上升，气味分子随之在丛林中更广地扩散开去。这根花序把腐烂的臭味远远送出，把千米之外的食腐甲虫和食腐蝇类都吸引来，它们可以为果穗下部生长的大量雌花传粉。在接下来的几个月里，这些花会结出橙红色的果实。

轰动的奇景

授粉后，巨魔芋果穗开始生长，能长到3米高，上面有许多大颗的浆果，直径4～6厘米。

果穗

块茎

纪录 100千克

巨魔芋的块茎可以重达100千克，甚至更重。

它看起来像一朵单花，实际是一根花序，裹在外边的苞片之内藏着雄花和雌花。花序可以长到3米高，有时能重达50千克。

肉穗花序

植物小档案

巨魔芋（泰坦魔芋）

科属：天南星科魔芋属
栖息地：热带雨林
分布范围：苏门答腊岛

颠茄

颠茄原产于欧洲，含有强烈的毒素。任何吃了它的黑色浆果的人都会因此神志不清。因此在古代欧洲，它一度被认为是一种魔法植物，并被用于制作"巫师药水"。欧洲历史上，无辜的女性曾被当作女巫而受到迫害，这些已成为历史，只是颠茄中含有的毒素依然存在：这种毒素会导致幻觉，有时也会致命。

颠茄有毒！

颠茄是最强的有毒植物之一。它的叶、根、花和果均含有大量对人类有毒的生物碱。如果不慎食用了它的果实或其他部位，会感到极度口干舌燥。毒素量大时，开始出现视觉模糊、热感，或失去意识，甚至会出现呼吸困难和心脏骤停。对于儿童来说，哪怕只吃不到 3 枚浆果都可能致命。一旦颠茄中毒，必须在一小时内接受医生治疗，所以务必立即联系医院急诊。

放大瞳孔

以前人们认为大眼睛的女性特别美丽动人，因此有些女性把稀释过的颠茄汁滴到眼睛里，于是瞳孔放大，闪闪发光。也许这就是颠茄的拉丁文学名 *"Atropa belladonna"* 的由来，"bella donna" 意为"美丽的女人"。这种可以扩张瞳孔的成分如今被应用在眼科治疗中。麻醉医生和急诊医生使用颠茄中含有的阿托品，来治疗心脏疾病。阿托品甚至可以作为一种解毒剂治疗某些中毒。

颠茄是草本植物，呈灌木状，可以长到 1.5 米高。全株有剧毒。浆果未成熟时为绿色，成熟后则变成黑色，1～1.5 厘米大小。

颠茄的花

植物小档案

颠茄

- -

科属：茄科颠茄属
栖息地：森林、林间空地、休耕地
分布范围：欧洲、西亚和非洲北部

知识加油站

▶ 颠茄可以导致妄想和幻觉，使人癫狂。传说中的巫师就用颠茄酿制魔法药水。

当心，有毒！

鸟儿会吃颠茄的浆果，再把果子里的种子排泄出来。而哺乳动物，包括人类，无论如何都不能吃这种浆果。

郁金香

郁金香属约有 150 个物种。不过通过育种，人们又培育出了超过 4000 个品种，它们有着截然不同的颜色和外观。这些奇妙的绚丽花朵被种植在公园和花园里，或是作为切花和鳞茎出售。鳞茎中贮藏着郁金香休眠时所需的养分。鳞茎是郁金香的繁殖器官，成熟的鳞茎中贮藏着休眠后再生长时所需的养分和幼芽。郁金香的鳞茎从中亚远赴土耳其，又在 16 世纪从土耳其抵达意大利和荷兰。荷兰的爱花人士欢呼雀跃，培育出越来越多的郁金香新品种，颜色、纹样和花形各具特色，火焰纹的品种也在其中。火焰纹的郁金香当时炙手可热，种植商很快就无法满足人们旺盛的需求。不过当时的育种者不知道的是，这些郁金香实际上是被病毒感染了，病毒扰乱了郁金香的基因。

郁金香狂热

当时，荷兰人仿佛着魔一般，狂热追逐着色彩和纹样罕见的郁金香。在郁金香交易市场，郁金香的鳞茎甚至可以卖出天价——连那些还需发育、未能出售的鳞茎也被叫高价。投机买卖导致郁金香的价格飞涨，许多人想参与这项交易，甚至不惜为此抵押房子。在郁金香狂热的高峰期，一枚鳞茎可以叫价到 5000 荷兰盾，甚至更高。这笔金额相当于一个工匠工作 20 年的薪酬。价格持续上涨，直至 1637 年 2 月，郁金香交易市场突然崩溃，投机泡沫破灭。郁金香投机者一下子一贫如洗。不过，美丽的郁金香留住了人们对它的喜爱。直到今天，荷兰依旧向全世界出售郁金香和郁金香鳞茎，现在人人都可以消费得起。

鳞茎

有分就有得

郁金香可以通过两种方式繁殖：一种是通过种子，从播种到郁金香第一次开花，可能得等好几年；更简单的办法就是通过子球培植。到了春天和夏天，母球上就会长出子球，把两者分开，你就得到了两个可以分别种在土里的鳞茎。

种子

➡ 你知道吗？

许多人不知道郁金香是有毒的，摘取它们时最好戴上手套。鳞茎和花茎中含有的郁金香素是有毒的，会导致皮肤发红肿胀。郁金香对于猫来说也是有毒的。

荷兰的郁金香生产已经工业化，荷兰是世界上最大的郁金香生产国。

植物小档案

郁金香

科属： 百合科郁金香属
栖息地： 山区、花园
分布范围： 亚洲、欧洲、非洲北部

榆 树

榆树是常见的道路绿化树种，它生长快，根系发达，适应性强，能耐干冷气候。榆树有白榆、黑榆、大果榆等。但是榆树容易感染真菌病，榆树真菌病在很多国家都出现过，因最初发现于荷兰，又叫榆树荷兰病。

翅果（榆钱）

当第一片新叶长出后，那些最初嫩绿的翅果就开始变成棕色。它们脱落下来，随风飘扬。一旦成功落地，种子就会立即发芽。

榆树之死

1920 年以来，榆树真菌病一直在欧洲和美国蔓延。公园、林荫道和森林中的榆树都受到这种真菌病的危害，榆树也因此对林业几乎没有任何贡献。这种树木疾病由多种榆小蠹虫传播，它在树木上钻洞挖坑，将真菌孢子传染给树木。孢子长出真菌，损害了树木中的水分运输系统。缺水导致树叶凋落，无法进行光合作用，榆树最终死亡。

较年长的树木受影响更大。因此，树龄超过 100 年的榆树很快就不复存在了。不过，受感染的树木根部会再次长出新芽，所以在欧美地区，人们现今看到的主要是年轻的榆树。目前，人们正在努力培育对这种真菌有抵抗力的榆树，并计划性地种植。

➡ 你知道吗？

欧洲榆小蠹虫会传播真菌孢子，这是传播榆树真菌病的罪魁祸首。

榆树高达 40 米，可以活 400 年。

植物小档案

榆 树

科属: 榆科榆属
栖息地: 落叶林和混交林
分布范围: 亚洲、欧洲、非洲北部、北美洲

红了又绿

小小的榆花亭亭玉立，盛开在早春时节光秃秃的榆树枝上。红色的花药一丛一丛，把树冠染成红色。早在第一片叶子长出来之前，榆树就孕育出了翅果，翅果又把榆树染成一派新绿。

香荚兰

香荚兰种植园

　　1837年，人们成功地对香荚兰进行了人工授粉。从那时起，人们就可以从种植园收获香草荚了。

　　这枚细长的种荚里含有无数极其微小、颜色深黑、气味芬芳的种子。

植物小档案

香荚兰（香草兰、梵尼兰）

科属：兰科香荚兰属
栖息地：热带雨林、种植园
分布范围：热带地区

　　美洲的阿兹特克人用可可、辣椒和香荚兰制成巧克力饮品。香荚兰原产于墨西哥，西班牙殖民者将其带回了欧洲。如今人们喜爱的香草冰淇凌，其原料就取自香荚兰的豆荚。鲜豆荚没有什么香味，需要经过一系列的处理，才能发出浓郁香气。

昂贵的调料

　　香荚兰属于兰科，它很难养护，遑论在种植园里种植了。在它原本的家乡墨西哥和中美洲，香荚兰依赖特定的蜜蜂和蜂鸟进行传粉。这样一来，该地区在西班牙的控制之下，就垄断了香荚兰的种植市场。到了19世纪初，法国人将香荚兰带到了他们位于印度洋的新种植地：毛里求斯、印度尼西亚、马达加斯加和留尼汪岛。

　　留尼汪岛当时还被叫作波旁岛，因而这种香料被命名为波旁香草荚。这种被无数人追捧的珍贵植物甚至抵达了塔希提岛。然而，缺乏天然传粉者是一个紧迫的问题，必须设法解决。

人工授粉

　　直到19世纪中期，人们才找到了给香荚兰的花人工授粉的方法——这真是一项费力的工作。再等6～9个月，授过粉的花朵就会发育成包含黑色种子的种荚。种荚收获后在阳光下晒干，然后用毯子包起来，以促进白色汁液的发酵，最终形成了黑褐色的香草豆荚，这些豆荚被放入密闭的金属箱中进一步干燥。

黄与黑

香荚兰的花❶只开一天，几小时内必须完成授粉，否则无法结出豆荚❷。收获的香草豆荚是黄色的，通过发酵变成并不悦目的黑色❸。在这个过程中，它们会产生令人愉悦的芳香物质香兰素。

香荚兰是一种攀缘植物，可以攀爬生长到10米高。

堇 菜

堇菜属植物有 500 多个物种，分布于世界各地。从古代到 19 世纪，堇菜一直是最受欢迎的花卉之一。今天，在公园和花园里常能看到三色堇，它也属于堇菜属。

好闻的堇菜

香堇菜，也叫作甜堇菜或三月堇。人们种植它，一方面是用于观赏，另一方面则是看重它具有浓郁的芳香和治疗作用的成分。

春天，香堇菜是最早萌发的植物之一，它那埋在地下的种子于此时发芽。此外，它的地上无茎，有匍匐状枝，形如卷须，用微小的牵引根将自己向前牵引。要是遇到条件有利的土壤，就会长出许多子株，它们的基因与母株相同。

堇菜花

堇菜花有 5 片花瓣，其中 2 片向上生长，3 片向下生长。最下边的花瓣长着蜜斑，为昆虫指明花蜜的方向。

堇菜的茎并不长，总是贴近地面生长。开花后，母株用地上的匍匐枝为子株寻找新的生长地。

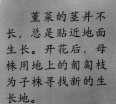

膜质附属物

搭"顺风车"

要想传播得更远，堇菜就得倚仗动物运输队了。蚂蚁会运输堇菜种子，让堇菜得以迅速繁殖，不仅在花园里，花园外也长势喜人。甚至蜗牛也会把种子整颗吞下，并在未消化的情况下把整颗种子再排泄出来。这种情况并不常见，因为蜗牛一般会把食物咬碎，堇菜种子欺骗了蜗牛，使其认为种子是最好的食物。可是，它究竟是如何做到这一点的，目前尚不清楚。总之，蜗牛最终一无所获，而堇菜种子却获得了自由生根的机会。借助于动物的"运输"，花园外也长起了堇菜，特别是在森林边缘、阴凉的路边、河谷里。

又香又甜

香堇菜是一种古老的药用植物，至今仍在民间药方中发挥作用，比如用来治疗咳嗽、声音嘶哑、喉咙痛等呼吸道疾病。当然，这种堇菜主要还是因其甜蜜的芳香而出名。它的植物精油被许多香水所用。糖渍的堇菜花也经常用来装饰蛋糕、甜点和巧克力。

将堇菜花放在糖浆中脆渍再烘干，就可以得到糖渍堇菜。

种 子

成熟的蒴果裂开，释放出种子❶。种子有一个营养丰富的翅形膜质附属物❷。

植物小档案

堇 菜

科属：堇菜科堇菜属
栖息地：花园、森林边缘、河谷
分布范围：几乎全球

知识加油站

▶ 三色堇也叫猴面花、鬼脸花、猫儿脸，通常每花有紫、白、黄三色。

▶ 用于制作"紫罗兰香水"的"紫罗兰"实际上是香堇菜。

▶ 紫罗兰的英文是"violet"，堇菜属的拉丁文学名是"Viola"，所以人们容易混淆。

捕蝇草

张开的诱捕叶时刻处于紧张状态，等待某只不留神的苍蝇落入陷阱。

刚毛 ①

掉进陷阱啦！

这只苍蝇在较短的时间里连续触碰了两次捕蝇草的刚毛，于是激活了闭合机制。捕蝇草闭合的动作，是植物王国中速度最快的动作之一。

捕蝇草可是吃肉的，即食虫植物。食虫植物指的是捕捉并消化昆虫、节肢动物，甚至是较小的两栖动物的植物。食虫植物通过这种方式能获得宝贵的矿物质，尤其是氮。因此，即使在条件极端、营养匮乏，其他植物都无法存活的情况下，食虫植物仍然可以生长，比如在沼泽或岩石地。野生的捕蝇草只在美国北卡罗来纳州、南卡罗来纳州的沼泽地以及佛罗里达州的部分地区有所发现。

闭合陷阱

在进化过程中，捕蝇草的两片叶子转变成了诱捕叶。叶子边缘长出较长的尖刺。这两片诱捕叶的功能就像一个铰链式的陷阱。每片叶子的中间有 3 根刚毛。如果触碰了其中一根，捕蝇草就会收到警示，立刻进入备战状态。不过现在它还不知道是来了一只猎物，还是仅仅一片落叶——所以陷阱还不急着关闭。只有在大约 20 秒内第二次碰到刚毛时，两片诱捕叶才会扣上。由于诱捕叶的边缘有像利爪一样的尖刺，闭合时彼此交叉，于是猎物就被困在捕蝇草中了；要是它试图逃脱，在陷阱中挣扎扭动，只会促使捕蝇草分泌越来越多的消化液，从而消化分解猎物。

②

刺毛彼此交叉，苍蝇现在逃出生天毫无希望了。所有的挣扎，都只不过会让捕蝇草分泌更多的消化液罢了。

花 ➤

真是善解人意，考虑周到！为了不让前来传粉的昆虫误入陷阱，捕蝇草的花坐落在长长的茎的顶端。

➜ 你知道吗？

如果捕蝇草的地上植株被摧毁——比方说被火烧了，它的根状茎还能再次发芽。对喜光的捕蝇草来说，丛林大火甚至意义重大，因为大火烧掉了长得更高的植物，也就烧掉了与之争夺光照的竞争者。

植物小档案

捕蝇草

科属： 茅膏菜科捕蝇草属

栖息地： 沼泽

分布范围： 美国南、北卡罗来纳州和佛罗里达州的部分地区

勿忘草

多色勿忘草

多色勿忘草往往开出色彩不同的花，很容易与其他勿忘草属的品种区分开。

传粉

除了蜜蜂和飞蛾，蝇类也为勿忘草传粉。

勿忘草也叫"勿忘我"，它的英语名字也是"forget-me-not"。植物学家把这一属称为"*Myosotis*"，意思是"老鼠的耳朵"，这个称呼可能来自它毛茸茸的小叶片。勿忘草属包括约 50 个物种，广泛分布于欧洲、亚洲、非洲、北美洲、澳大利亚和新西兰的温带地区。森林勿忘草、野勿忘草和沼泽勿忘草这 3 个品种尤其为人熟知，也很常见。森林勿忘草喜欢生长在灌木丛、森林边缘和道路旁；野勿忘草常见于耕地、草地、森林空地和碎石地；沼泽勿忘草更喜欢紧挨沟渠、溪流、水岸、湿地草甸生长。如今，森林勿忘草已经被培育出许多品种，作为观赏性花卉大量种植在花园里。

狭窄入口

勿忘草的花朵都有一个特殊的标记：蜜斑环。这事实上是一个狭窄入口，吸引着寻找花蜜的传粉昆虫，但拒绝其他昆虫进入。勿忘草的传粉者是蜜蜂和飞蛾，还有各种蝇类。

植物小档案

勿忘草（勿忘我）

科属： 紫草科勿忘草属
栖息地： 森林空地、湿地草甸、路边沟渠等
分布范围： 温带地区

繁衍

勿忘草既可以通过种子传播，又能依靠地上的匍匐根状茎传播，很快就能形成一片密集铺开的大草坪。

依山傍水

在亚欧大陆和北美洲的山区，都能见到高山勿忘草❶。沼泽勿忘草❷则喜欢潮湿的环境，比如溪流和河流沿岸、湖泊和池塘的岸边，以及潮湿的草地上，它可以长到 40 厘米高。

欧洲刺柏

欧洲刺柏，即杜松子树，是一种常绿灌木或常绿乔木。有时它长得笔直，像根柱子。它在欧石南草原上特别常见，这里放牧的羊群啃食欧石南，让它们长不高。而欧洲刺柏用尖尖的针叶吓退动物，防止自己被啃食，于是它就成了欧石南草原景观的标志特征。

治愈和调味

欧洲刺柏结出蓝黑色的球果，我们通常管它们叫作杜松子莓果。事实上它们根本不属于浆果，只是像浆果的球果。这些球果第一年还是绿色的，到第二年或第三

浆果状球果

在欧洲刺柏尖锐的针叶之中，这些像浆果的球果静静发育。成熟的果实是蓝黑色的，外层有果粉。

知识加油站

▶ 许多刺柏树种的针叶和果实都对人类有毒，会损伤肝脏和肾脏。

▶ 有毒的臭柏与欧洲刺柏常被弄混。

乱蓬蓬的针叶树

刺柏通常是常绿灌木，随着树龄增长可以长成乔木。这种灌木的枝条一长出地面之上就开始分杈，变得乱蓬蓬的。

通过修剪，刺柏可以被打理成小型盆景或者大型观赏植物，种在花园或公园里。

年才成熟，呈现出标志性的蓝黑色。球果含有气味芳香的精油，以前曾被用作治疗药物，在药店出售。如今人们则在超市购买杜松子果用作香料，烹饪菜肴时可以使用。杜松子果给菜肴带来了地道的口味，使菜肴更易入口。杜松子果还赋予了杜松子酒（又名"金酒"）典型的味道。

驱邪辟厄

据说刺柏尖尖的针叶能驱赶妖精、邪灵，甚至可以赶走魔鬼——至少以前的人们是这么认为的。在欧洲黑死病肆虐的年代，人们点燃刺柏枝叶，刺柏燃烧散发出气味刺鼻的烟雾，用这种方式来净化空气。迷信的农民还用点燃的刺柏枝叶熏牛棚，希望保护牛群免受疾病和恶魔的侵害。

与暴风搏斗

在加那利群岛的埃尔埃罗，这株欧洲刺柏与当地盛行的强风已经搏斗了几个世纪，人们可以在它身上看到它与自然搏斗的痕迹。

植物小档案

欧洲刺柏（杜松子树）

科属：柏科刺柏属

栖息地：山坡、欧石南草原、荒野

分布范围：亚洲北部、欧洲、北美洲、非洲北部

野草莓

动物也爱吃！

因为草莓的花和后来结出的莓果都紧贴地面，所以在德语中，它叫作地莓①。许多动物都喜欢野草莓，这也为野草莓的"传宗接代"助了一臂之力。这些动物在哪里排出未消化的种子，哪里就会长出新的植株②。

这个可真甜！

植物小档案

野草莓

科属： 蔷薇科草莓属

栖息地： 稀疏的落叶林和针叶林、森林边缘

分布范围： 欧洲、北亚

➡ 你知道吗？

在食用野草莓之前请务必彻底清洗，因为果子上可能附着虫卵。

蚂蚁在偷吃野草莓花蜜，它们可不会帮忙传粉。再等上一段时间，它们还会把果实拖到它们的洞穴里。

野草莓的"果实"味道甜美，芳香四溢，"粉丝"众多。蜗牛、甲虫、蚂蚁、鸟类、老鼠、睡鼠、刺猬、松鼠甚至狐狸都爱吃这些美味的"果实"。这些动物会排出野草莓"果实"上难以消化的黑粒，从而帮助野草莓传播。其实，这些小黑粒才是野草莓真正的果实，而不是我们食用的花托。植物学家将浆果定义为种子嵌入果肉中的水果，可是草莓的种子长在"果实"的表面，所以说，草莓不是浆果，而是聚合果。

地下和地上

一旦果实被吃掉或被采收，野草莓就会长出地上的匍匐根状茎。每根茎的末端都会先长叶子，最后变成一株子株。野草莓是多年生植物，位于地下的根状茎可以越冬。

石器时代的水果

考古发现证明，新石器时代的人们已经在收集和食用野草莓了。中世纪的人们把野草莓种在田里。

浆果到底是什么？

草莓不是浆果，而是一种聚合果！它真正的果实是那些小小的黑点。

田园草莓

野草莓

知识加油站

▶ 田园草莓并不是野草莓的后代，而是18世纪从两个美洲草莓属物种的杂交种培育出来的，这两个物种是智利草莓和弗吉尼亚草莓。

▶ 田园草莓的果实带有金色，野草莓的果实是红色的。

香车叶草

大部分德国小孩都熟悉香车叶草的味道，他们常吃香车叶草口味的绿色果冻，喝香车叶草口味的汽水。在德国，香车叶草酒也叫五月酒。当香车叶草的叶子枯萎，就会产生香豆素，香豆素带有干草气息，味道很好闻。然而，如果摄入较大量的香豆素，会引起恶心和头痛；如果长期摄入，甚至会造成肝损伤。鉴于此，香豆素不允许作为食品添加剂使用。汽水、柠檬水等饮料只允许添加人工生产的香车叶草精。

真凉爽呀！

香车叶草通常可长到 30 厘米高，喜欢生长在凉爽而阴暗的地方，主要在落叶林中。香车叶草的花期是 4—6 月，所以 5 月也是花期，这就是为什么它也被称为"五月草"。它的花有 4 片小小的白色花瓣，形成十字架的样子，非常好辨认。如果你想在秋天把香车叶草播种在园中，记得给它选一个阴凉的地方。香车叶草在中国又叫香猪殃殃。

植物小档案

香车叶草（香车轴草）

科属：茜草科拉拉藤草属
栖息地：稀疏的落叶林
分布范围：亚洲、欧洲、非洲西北部、北美洲

寻找香车叶草

香车叶草还通过地下根茎蔓延生长，形成更大的群落。在水青冈林中，这样一大片的香车叶草很常见。

香车叶草口味

花和果

4 月开始，香车叶草开始开花，一朵朵小花长在一起，形成一个花序。

它的标志是 4 片呈十字形排列的花瓣。多种尺蛾的幼虫都以它的叶子和花为食。

花开之后，7 月起陆续结出带钩刺的果实，它们借助森林中的动物进行传播。

绿色果冻

用香车叶草制作的美味中，最出名的可能就是这种绿色果冻了，喜欢它的远远不止是孩子们。不过，从超市买来的果冻看起来绿得不健康，事实上却不含有任何天然香车叶草的成分，只含有人工香精。如果你打算自己制作绿果冻，可不要添加太多天然的香车叶草呀！

白藤铁线莲

植物小档案

白藤铁线莲

科属：毛茛科铁线莲属
栖息地：稀疏的落叶林、灌木丛、森林边缘、河畔森林
分布范围：欧洲中部和南部

蔓生且开花

白藤铁线莲是一种藤本植物，中欧是其原产地之一，它会在其他植物中穿插缠绕生长。7—9月是白藤铁线莲的花期。一旦它的叶柄触碰到另一植物的枝条，就会把它缠绕起来，攀爬向上生长。铁线莲用这种方式在乔木和灌木上立足。

观赏植物铁线莲

园艺爱好者用铁线莲来点缀他们的花园。他们在墙上搭建棚架，以便这种攀缘植物向上攀爬。

→ 你知道吗？

在传统中医中，中国的铁线莲属物种"威灵仙"的根可以用来治疗关节肿胀和疼痛。

白藤铁线莲是藤本植物。藤本植物指的是扎根于土壤、沿着灌木丛或树木向上攀爬的植物。白藤铁线莲的细枝可以爬到10多米高的地方，它的木质化树干虬曲多节，有时能长到手臂粗细。这种攀缘植物经常出现在树林边缘、树篱中或杂草丛生的城市地面。白藤铁线莲在高度上压过其他植物，抢夺它们赖以生存的阳光。这导致其他较弱的植物缺乏光线，又要负担铁线莲的重量，于是这些植物就会死亡，对强壮的树木来说则几乎毫无影响。此外，铁线莲为各种鸟类提供筑巢地点，并吸引众多昆虫。

哟！这个毛茸茸的家伙是什么？

到了秋天，铁线莲的花孕育出羊毛状的果穗。等到叶子早已掉光，果穗还会挂在枝头。

"老人的胡须"

洁白美丽的花朵闻起来令人不适，苍蝇和甲虫却被它们吸引，蜜蜂也会来采蜜，顺便为花传粉。传粉后的花朵发育成小小的种子，种子身披长长的、毛茸茸的羽毛状花柱。如果天气干燥，这些花柱就蓬松舒展，种子随风而起。鸟儿会把这些蓬松的种子当作筑巢材料，这也帮助了种子传播。在英国，这种植物也被称为"老人的胡须"。

胡 桃

胡桃属植物有 60 多个物种，分布在亚欧大陆和美洲大陆。其中一个物种已经在中亚"定居"了超过一万年，那就是胡桃，亦称"核桃"。胡桃传播到了中国、西亚和东地中海国家。在一些地方，早在新石器时代的人们就开始享用这种植物营养丰富的坚果。这些坚果通过压榨还可以提炼成食用油。

都走开！

胡桃有一种化学方法来保证它的附近几乎不长任何其他植物。它的叶片含有氢化胡桃醌，这种物质起初是无毒的，但是如果叶子凋落，微生物会将里面的氢化胡桃醌转化为有毒的胡桃醌，抑制许多植物的生长。这样一来，胡桃就把那些恼人的竞争者统统赶跑，再也不会有竞争者来争抢光照、水分和营养了。

此外，胡桃的叶子还含有丰富的单宁酸，大多数昆虫都只会绕道而行。鉴于胡桃这种驱逐蚊蝇的本事，它常常被种在农舍的庭院，紧挨着民房。胡桃的一个"亲戚"对这种化学战争尤为擅长，那就是原产于北美洲的黑胡桃。研究人员希望把胡桃的胡桃醌用作杀虫剂，从而驱避那些传播登革热病原体的蚊虫。登革热是一种危险的热带疾病。

啊呜啊呜，健康美味！

积草囤粮

松鼠、睡鼠、乌鸦和其他动物以胡桃的果实为食，还会储备胡桃果实以备年景不好时之需。

种子

在胡桃坚硬的外壳内，包裹着一颗健康且充满热量的种仁，包含蛋白质、油脂、维生素和矿物质。

植物小档案

胡桃（核桃）

- - - - - - - - - - - - - - - - -

科属： 胡桃科胡桃属
栖息地： 温带、热带地区
分布范围： 亚洲、欧洲、美洲

果皮

收获时间

到了秋天，胡桃绿色的果皮爆裂开，露出里面的坚果。风把坚果从树上吹落下来。

坚果

胡桃树干木材坚实，可以用于制作家具和乐器。

防御就是一切

许多动物都有尖牙利爪，谁要是想对付它们，它们还颇有战斗力。如果事态紧急，动物们还能游、能飞、能跑，或者干脆三十六计，走为上计。而植物则完全不同，它们根深蒂固，无法逃跑。不过，它们也绝非毫无防备，束手就擒。在进化过程中，植物也进化出了各种防御机制，保护自己不被吃掉。

聪明的防御

许多植物长有表皮毛，这是它们的防御手段。牛舌草❶身披密密麻麻的刺状硬毛，以保护自己免遭啃食。这些刺毛的尖端指向茎部下方，使蛞蝓和毛虫也无法沿着茎秆向上爬到叶片上。还有一些植物，如野生马铃薯和番茄❷，它们叶片上的腺毛会分泌黏性物质，一旦有蚜虫被粘住，就动弹不得，直到被活活饿死。植物们就是这样抵御害虫的侵袭的。

小心有毒！

有些植物会产生非常有效的毒素，从而保护自己，抵御贪婪的昆虫。其中有些植物看起来普普通通，其实却留有一手。水仙花❶用毒素保护它的鳞茎，而铃兰❷更是全株有毒。

氢氰酸算得上植物最强劲的毒素武器，由于它对植物本身也有损害，所以以无害的化合物形式储存起来，只有当植物受伤时，这种化合物才会与第二种物质接触，这种物质可以分解化合物并释放出致命的氢氰酸。樱桃和桃子的果核也含氢氰酸。由于制造毒素需要大量能量，有些植物只有在被啃食时才产生大量毒素。对于番茄来说，被咬第一口后仅仅几分钟，毒素就开始产生。

伪装和隐藏

作为植物，当然也可以隐藏自己。生石花属的植物，其植株主要生活在地下，只有叶子的上半部分从地面上探出。而且无论是形状还是颜色，它们都与周围的石头相似，因此这些植物才被叫作"生石花"，这也让食草动物直接忽略了它的存在。只有到了花期，植物才会有存在感。不过很短时间后，它就枯萎了，回归到完美的伪装状态。

动物帮手

金合欢 ❶ 会用刺来保护自己，如果叶子被啃食，它还会立即分泌毒素。此外，还有一些金合欢会饲养蚂蚁作为护卫。金合欢的树枝上长满了空心刺，能给蚂蚁提供居住空间，它还分泌含糖的树汁，长出富含营养的芽体，来给蚂蚁提供食物。作为回报，蚂蚁会击退贪婪的昆虫以及其他掠食者。洋槐也和蚂蚁共生，蚂蚁会咬断想爬上洋槐的攀缘植物。野生烟草 ❷ 则会增加叶子中的神经毒素尼古丁的含量，来击退兔子的掠食。如果遇到不怕尼古丁伤害的烟草天蛾毛虫啃咬叶子，该植物就会散发出一种气味，吸引该毛虫的天敌昆虫前来捕食它们。

希望没人发现我！

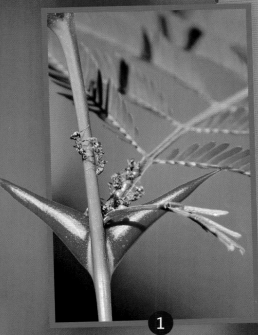

植物的自保

有些草，比如美洲蒲苇 ❹，能给人造成严重割伤。它的叶片边有细齿，使叶片犹如刀片一样锋利。

还有些植物，比如这种仙人掌 ❸，身披利刺保卫自己。这些刺其实是在进化过程中发生了变态的叶，这种叶刺通过维管束与枝条紧密结合。玫瑰 ❶ 则不同，它的茎秆上长有皮刺，是由茎秆的外皮进化而来的。尽管人们总是说荆棘玫瑰，但是从植物学的角度来看，玫瑰长的是皮刺，而不是荆棘的茎刺。有刺的银蓟 ❷ 也是用叶刺保护自己的。

不可思议！

马铃薯叶甲把细菌当作自己的隐身防护衣。它把细菌转移到马铃薯植株，细菌就会激活马铃薯的植物防御机制，而叶甲就可以不受打扰、舒舒服服啃食叶子了。

浮萍

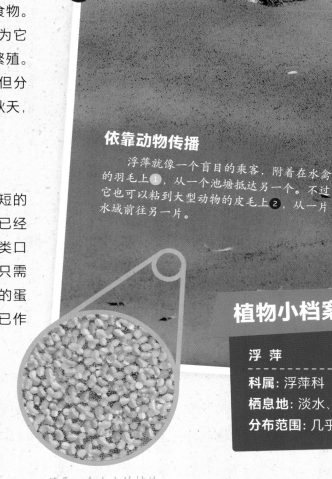

鸭子很喜欢吃浮萍。浮萍也有"青萍"之类的俗名。这种微小而不起眼的植物往往漂浮在水塘池沼的水面。它们富含矿物质和优质蛋白质，是鱼、鸭、鹅和其他水禽的食物。它们是生长速度极快的有花植物，因为它们主要采取了最简单的分株方式进行繁殖。尽管浮萍能通过种子进行有性生殖，但分株新的芽孢还是来得更快、更高效。秋天，浮萍沉入水下，在水塘底部越冬。

用于煮汤

如果营养物质充分，浮萍只需很短的时间就能覆盖整片水域。现在，人们已经在实验场地测试如何养殖浮萍用作人类口粮。这种植物的优势在于收获简易，只需从水面撇起来即可，而且能作为未来的蛋白质来源。在许多亚洲国家，浮萍早已作为蔬菜食用，还能用于煮汤。

依靠动物传播

浮萍就像一个盲目的乘客，附着在水禽的羽毛上❶，从一个池塘抵达另一个。不过它也可以粘到大型动物的皮毛上❷，从一片水域前往另一片。

只要一个小小的植株，浮萍就能在很短的时间里长满整个池塘。

植物小档案

浮萍

科属： 浮萍科
栖息地： 淡水、池塘、水沼、缓流水域
分布范围： 几乎全球

➜ 你知道吗？

左图是天南星科的另一种水生草本，叫作大薸，也叫水白菜。它可以作为猪饲料，也可以入药。大薸有很多根长而悬垂的根，能从周围的水中吸收营养。

未来的美餐

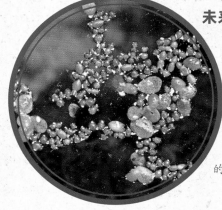

这是一种亚洲浮萍，学名叫无根萍。它可能是未来的蛋白质来源之一。在泰国、柬埔寨和老挝等国家，人们食用无根萍已经有数百年的历史了。

狸藻

狸藻是食虫植物，它在水下捕食。

狸藻属包括 200 多个物种，几乎分布在世界各地。狸藻是漂浮植物，向着水面的方向生长。其叶片漂浮在水面上，通过光合作用为自身提供氧气，还有用于水下狩猎的捕虫囊。

抽吸式陷阱

狸藻的捕虫囊其实是变态的叶子，它上面长着一些刺毛，囊内保持负压。捕虫囊的入口有一个囊盖。狸藻通过散发一些气味吸引小动物来到囊盖附近。一旦水蚤、蚊子幼虫或其他动物碰到刺毛，囊盖就会像陷阱门一样，瞬间向内翻开，捕虫囊把猎物吸进去，然后囊盖又立即关闭。这种吞吸的速度可达 1.5 米 / 秒，是植物世界中最快的进食速度之一。捕虫囊的内部分泌消化液，可以分解猎物，为植物提供额外的养分。在消化过程中，和

丰富的浮游生物游弋于狸藻周围。猎物落入陷阱，不过只是时间问题。

猎物一起被吸进来的水被再次挤压出去，于是囊中重新形成了负压。

有性生殖和无性生殖

狸藻可以通过种子繁殖，它会形成花序，它的花序从水中伸出。不过，无性生殖是它的首选繁殖方式：在冬季来临之前，带叶子的短枝从母株上分离出来，沉入水底的土壤，并在那里度过严寒的冬季。等到春天来临，环境更加温暖和明亮的时候，短枝会再次发芽。

捕虫囊 →

当心，陷阱！

如果较小的动物离狸藻太近，那它们就危险了。图中，一只蚊子的幼虫落入了陷阱。

美丽的危险

黄色的花从水中探出，让狸藻看起来纯洁无害。但在水下，它正在耐心等待着猎物。

特别的叶子

狸藻可以用叶片进行光合作用。随着不断的进化，它的一部分叶子演变成了捕虫囊。

不可思议！

狸藻的捕虫囊有时非常大，以至于能吸捕蝌蚪和鱼苗。

植物小档案

狸藻

科属：狸藻科狸藻属
栖息地：静止或缓流水域
分布范围：几乎全球

菊苣

开着蓝色花朵的菊苣喜欢生长在路边和路堤上，也喜欢在瓦砾地、荒地和废弃的铁轨基石上扎根。由于根系深长，即使在贫瘠的土壤，菊苣也能获得充足的水和养分。

咖啡的替代植物

在古代和中世纪，菊苣一度被欧洲人看作一种魔法药草，后来才真正成为经济作物。通过育种，人们培育出各种人工品种的菊苣，比如根茎尤为粗大的菊苣。人们把它的根茎切成小块并晒干，然后轻度烘烤，研磨成粉。用热水冲泡这种粉，就能得到一种饮料，味道有点像咖啡。这种咖啡替代品通常也会含有烤过的谷类和其他配料。与咖啡豆不同，菊苣咖啡不含咖啡因。

沙拉和蔬菜植物

看着这毫不起眼的植物，你很难相信人们就是用它培育出了常见的比利时菊苣和红菊苣（意大利菊苣）。现在，在欧洲的许多地方，这两者都是冬季里深受欢迎的蔬菜。初秋时节，育苗盘里的菊苣被切掉茎和叶，只留下根部，一个个紧紧排列，被种到装满沙子的盒子里，置于黑暗中。随后，菊苣根就会长出白嫩的叶片。这种方法在 19 世纪中期才被偶然发现。

白菊苣

普普通通的菊苣，通过培植，就得到了红菊苣和比利时菊苣——这似乎令人难以置信，不过事实的确如此。

 你知道吗？

在黑暗中，菊苣根发芽长叶，这种叶芽可以食用，略带苦味。采摘叶芽后余下的菊苣根原本只是无用的垃圾，现在化学家们打算把菊苣根作为原料，生产合成纤维和塑料瓶，这样就能节省石油了。

植物小档案

菊苣

- - - - - - - - - - - - - - - - -

科属: 菊科菊苣属
栖息地: 路边道旁、瓦砾堆积地
分布范围: 几乎全球，主要为温带地区

在路边安营

菊苣的花是天蓝色的，有许多锯齿。它在路边地头和草地上生长。

葡萄

由于葡萄的品种、产地和土壤条件不同，葡萄的味道也会略有不同。

葡萄 ➤

葡萄是世界上最古老的栽培植物之一。葡萄种植至少已经有 5000 年的历史，甚至可能还要再往前推算 2000 年。葡萄是多年生攀缘植物，属于藤本。它需要借助其他植物或攀缘物品才能向上生长。

甜蜜的果实

葡萄的浆果多为球形，可以直接生吃，也可以榨成果汁，或将它们晒成不同品种的葡萄干。由于葡萄汁非常甜，其中所含的糖分可以酿成酒精，人们从而将它制造成葡萄酒。葡萄酒还可以进一步发酵，制成葡萄醋。野葡萄在野外相当罕见，但人们从野葡萄中已经培育出几百个葡萄品种。产量大的葡萄酒生产国有西班牙、法国、意大利、德国。近年来，美国、南非和澳大利亚也被认为是新的葡萄酒生产大国。

可怕的葡萄根瘤蚜

大约在 19 世纪 60 年代，美国的葡萄根瘤蚜与美国的葡萄一起被船运至欧洲，进而感染了很多葡萄种植区的葡萄，首先是法国的，随后是德国的。而美国的葡萄则不同，相比较而言，它们能更好地对抗这种害虫。因此，人们选用抗病的美国葡萄，把欧洲的葡萄品种嫁接到上面。这样一来，葡萄根瘤蚜的问题就得到了解决，欧洲的葡萄得到了拯救。

植物小档案

葡萄
- - - - - - - - - - - - - - - -
种属：葡萄科葡萄属
栖息地：河畔森林、种植园
分布范围：几乎全球

葡萄采收

葡萄的采摘方式有两种：一是依靠传统方式手工采摘；二是借助现代采摘机。

➤ 你知道吗？

可别把野葡萄与五叶地锦搞混了。五叶地锦原产于北美洲。人们经常在房子外墙上看到它。

桑 树

桑树是一种落叶乔木，最高可达 15 米。桑树原产于中国，它是中国最重要的桑科植物，为蚕提供饲料。蚕的幼虫饱餐了一个多月的桑叶后，长得又大又肥，开始吐出极细的丝，用来编织庇身护体的蚕茧。在蚕茧中，蚕宝宝发生变态，羽化为蚕蛾。不过，在生产丝绸时，只有一小部分蚕茧会被用于继续繁殖；绝大部分蚕茧经热水或热蒸汽处理，再取出死掉的蚕蛹，余下中空的蚕茧被小心翼翼地解开，得到珍贵的蚕丝。

间谍和走私

以前，中国一直严守丝绸制作的秘密，出口蚕宝宝和桑种的人会受到惩罚，能出口进行贸易的只有昂贵的丝绸。古罗马一度流传着最离奇的传言：据说丝绸是用最细腻的土或者是用稀有的沙漠植物纺织而成的。丝绸生产的秘密究竟是怎样传到了欧洲，众说纷纭。有这样一个传说，公元 6 世纪，有两个僧侣把桑种和蚕卵藏在手杖里，从中国偷运了出去。丝绸的生产从拜占庭帝国——也就是今天的伊斯坦布尔——传播到世界其他地区。有一段时间，法国拥有自己的养蚕业，德国也曾致力于此。今天，在欧洲的花园和公园里也能看到桑树了。

树与果

在中欧的公园里可以看到独自生长的桑树❶。这种树只在夏天才有绿叶，冬季则会落叶。德国人管它叫"白桑"，因为桑树的花❷是白色的。它的核果❸呈浆果状，根据生长地和光照情况的不同，呈白色到红色。

吃，吃，吃。蚕宝宝生产了世界上95%的天然丝。

蚕宝宝吃了足够多的桑叶后，开始围着自己结茧。一枚蚕茧就可以抽出数百米长的蚕丝。

植物小档案

桑 树

科属：桑科桑属
栖息地：种植园、公园、花园
分布范围：亚洲、南欧和中欧、北美洲等

小麦

小麦、稻谷和玉米并列为世界上最主要的三大谷物。全球每年小麦的总产量超过 7 亿吨。最大的小麦生产国包括中国、印度、俄罗斯和美国。

人类最早加以利用的小麦是野生的一粒小麦和二粒小麦。大约在 1 万年前的小亚细亚，人们就开始栽培这些原始小麦，随着农业生产规模的扩大，它们抵达了欧洲和亚洲的其他地方。从野生品种中，人们培育出许多产量更高的小麦品种，到了 18 世纪，原始小麦和其他谷物品种的种植规模就远远落后于高产小麦。然而，最近一段时间以来，古老的小麦品种再次受到追捧。一粒小麦和二粒小麦的颖片——就是包裹麦粒的鞘状叶——跟麦粒牢牢地长在一起，能更好地保护麦粒，所以一粒小麦和二粒小麦比后来的小麦更健壮，更能抵抗虫害，也正因如此，有机农业更愿意种植这两种小麦。

从麦粒到面包

小麦以及其他可用于做面包的谷物，如今一般都是用联合收割机进行收割的。这种机器会割断秸秆并收集麦粒。秸秆被打捆后留在田里。一部分麦粒用来留种，预备在下个季节播种，更多的麦粒则被磨成面粉。面粉再一袋一袋地运送至面包店，在这里，面粉最终变成了各种面包和糕点。不过，如果单用面粉做面包，面包会像石头一样硬，所以人们还在面团中加入专门培育的酵母，酵母产生二氧化碳，气体会在面团形成无数小气泡。此外，根据不同的面包配方，还需要加入不同的配料，比如盐、糖、香料和牛奶。等到面团发酵变大，就可以塑形做坯，送入烤箱中烘烤。

过去

今天

过去，小麦需要人工收割，之后还得打谷脱粒，并将糠秕从麦粒中分离出来。今天则由联合收割机负责这些工作。

气孔多多的面包

为了把面粉最终做成气孔多多的蓬松面包，必须请来一些小"助手"——这就是酵母。酵母可以把糖发酵转化为酒精和二氧化碳气体，使面团膨胀。如果打算做欧式发酵面包，来帮忙的就是乳酸菌。

➡ 你知道吗？

小麦不需要昆虫来传粉。像小麦这样的草本植物长得很高，它们的花挺立在风中，一阵微风就足以把花粉吹到其他的植株上。

知识加油站

▶ 在古埃及皇室墓葬中，人们发现了 5000 年前的长条形面包，那是为死者前往阴间的行程而准备的。

▶ 以前的面粉中不免混有磨盘石上磨下来的石头粉末，所以当时人们的牙齿磨损非常严重。

植物小档案

小麦

科属：禾本科小麦属
栖息地：田野
分布范围：几乎全球

179

植物和仿生学

动物和植物为了能够适应各种极端生活条件，进化出了许多绝妙的形态和技能。植物进化出来的一些花招和成就被发明家和工程师加以利用，这甚至催生了一门独立的科学——仿生学。仿生学（Bionics）不只是复制自然，更是研究自然、借鉴自然，从而解决技术难题，研究出新的方案。

这是藤本植物翅子瓜会飞的种子。翅子瓜原产于东南亚的雨林。

滑翔机

轻若无物，薄如蝉翼，这就是翅子瓜种子的翅膜。它像一架滑翔机一样，带着种子在空气中滑翔数千米之远。1910 年前后，奥地利的飞行员埃高·艾垂奇发明了类似形状的滑翔机。

显而易见，艾垂奇制作的鸽式单翼机的参照物就是翅子瓜的种子。

尼龙粘扣

瑞士工程师乔治·德·梅斯特拉尔每次遛狗后，总是不得不从狗的皮毛上扯下许多钩刺❶。在显微镜下，他弄清楚了为什么牛蒡果实能粘得如此牢固——因为有这些细小的富有弹性的钩刺❷。他用钩子和细环模仿了这个机制，并因此发明了尼龙粘扣❸。

"哧"的一声，尼龙粘扣被撕开了。

牛蒡的果实像钉耙，它的种子长有倒钩，能钩住从附近经过的动物的皮毛。

许多植物都有带钩刺的果实，以此黏附在野生动物、狗和人类身体表面，借以传播。

轻型结构

像竹子和小麦这样的草本植物，只需很少的养料就能长得比较高。这其中的诀窍简单又高超：它们的内部中空，外壁主要是长纤维相互交织。这种轻质结构节省材料，还赋予茎秆弹性和抗折性，使它们在风中弯曲而不会断裂。材料科学家在技术上模仿这种植物茎秆，用于研发纤维复合材料——新型飞机机翼以及高弹性滑雪杆就是这样产生的。

竹子秆由多段中空的节构成，既轻又有韧性。

风力发电机的钢管柱，就是设计师模仿麦秆结构设计的杰作。

这是会盘旋的枫树果实，这对膜翅的独特形状赋予了它升力，也使它可以飞得更远。

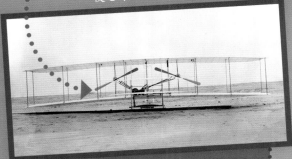

飞机螺旋桨

莱特兄弟以枫树果实为蓝本，发明了飞机螺旋桨。他们的引擎动力飞机在空中盘旋，就像一枚翅果。

自愈合材料

如果轮胎或充气艇漏气，要是有一种会自动愈合的外皮就好了。为此，仿生学家正在研究彩虹花如何自我愈合。对这种沙漠植物来说，受损是非常严重的事情，因为很短的时间内，它们就会被晒干。如果它有一片叶子受伤，伤口边缘就会向内移动，闭合伤口。通过研究这种植物，人们有望研制出"牢不可破"的汽车轮胎。

一艘自愈合的橡皮艇将能够自我修复任何裂口，正如彩虹花那样。

荷叶效应

在印度，荷花象征着神圣和纯洁。它们虽然生长在水塘的淤泥中，叶子却始终保持清洁❶。只需下一场大雨，淤泥、细菌或真菌孢子就被悉数冲走❷。这就是荷花的诀窍：它的叶子表面覆盖着显微镜下可见的蜡质小点，水滴无法在此停留。这种荷叶效应也可以在旱金莲和球茎甘蓝的叶片上观察到。自洁屋瓦、洗脸盆、墙面漆、汽车漆和纺织品❸领域都模仿了荷叶的表面结构，这种表面结构抗污、抗油又抗水。

由于荷叶滴水不沾的特性，滑落下去的水珠也会把脏污一起带走。

槐叶萍用空气薄层包围自己。

空气薄层

槐叶萍薄层

漂浮蕨类植物槐叶萍叶片上突起的茸毛长得像打蛋器，即使在水下也能保持一个永久性的空气薄层。仿生学家们希望能在船只上应用这种槐叶萍薄层。在未来，一种特殊的涂层可以使船舶在一个气泡中漂浮，如此就会减少摩擦，从而降低燃料消耗。如果用带有打蛋器状茸毛的纺织品制作泳装，这种泳装就能始终保持干燥。

在未来，船体被一层空气薄层包裹起来。

红车轴草

知识加油站

▶ 在很多国家，人们都认为找到四叶草是件幸运的事情，因而成为小孩子们喜爱的游戏，蹲在车轴草丛边寻找四叶草十分有趣。

▶ 人们给三叶草和四叶草的每片叶子赋予不同的好寓意，比如希望、真爱、健康、信心等。

用车轴草做饲料

车轴草是一种广受欢迎的饲料作物，生长在牧场上。红车轴草在野外能长到 15 ~ 40 厘米高。

红车轴草又名红花三叶草。人们统称的三叶草事实上包括很多种植物——全世界算起来，大约有 240 多个属。不过，如果严格来看，只有车轴草属才是真正的三叶草。车轴草属的学名就是"*Trifolium*"，意为"3 片叶子"。人们特别熟悉的是开紫红色花的红车轴草和匍匐蔓生的白车轴草（白花三叶草）。事实上，它们长着的并非 3 片叶子，而是一片复叶，拥有 3 个叶瓣罢了。不过，有时三叶草会长出超过 3 片小叶瓣。在上百株甚至上万株车轴草里，可能才有一株四叶草。

找到幸运草

罕见的四叶草又名幸运草。在白车轴草里，尤其容易发现 4 叶和多叶的植株。如果土壤肥力良好，发现的概率会特别高。据说最高纪录是一株草长了 18 片叶瓣。不过，有的植株也会只长出一两片叶瓣。寻找幸运草的最佳月份是 5 月和 6 月。

改良土壤

三叶草根部有根瘤菌，它们能吸收空气中的氮气，转化为植物能利用的氮。如果一块耕地中，定期栽种车轴草就能改良土壤质量，农民也就不必额外施加人工肥料了。

花 球

红车轴草到了花期就会开出球状的花序，鲜艳又显眼。

植物小档案

红车轴草（红三叶、红花三叶草）

- - - - - - - - - - - - - - - -

科属： 豆科车轴草属
栖息地： 草甸和田野边缘
分布范围： 几乎全球

草地鼠尾草

草地鼠尾草的花粉通过柱头附着到昆虫身上。如果这只熊蜂又飞去了下一朵花，它身上的花粉粒很有可能就粘到了雌蕊子房的柱头上。

草地鼠尾草只是鼠尾草属800多个物种中的一个。野生的草地鼠尾草在北半球有分布。它的蓝色花朵十分惹眼，形状也很特殊，由一片下唇瓣和一片上唇瓣组成。整个花的结构是利于熊蜂进行传粉的。下唇瓣可做熊蜂的落脚点，为它吸食花蜜提供座席，而上唇瓣隐藏着两根雄蕊和一根雌蕊。

花粉弹射器

鼠尾草花的内部有一个非常精密的"撬动杠杆结构"，可以把花药甩到熊蜂的背上，借此完成花粉的传递。熊蜂只需落在花朵的下唇瓣，向花心钻去，花粉弹射机制就被触发了。这种机制也就是鼠尾草传粉机制，或者叫作杠杆机制。

茶和香草

鼠尾草含有许多种抗炎成分。鼠尾草茶是传统疗方，用于治疗咽喉肿痛、咳嗽、感冒等疾病。不过，野生的草地鼠尾草含有的活性物质明显少于药用鼠尾草。因此，最好不要打扰野生鼠尾草，用园植的药用鼠尾草来做鼠尾草茶吧，它的嫩叶含有更多有效成分。这些叶子还能当作厨房香草食用，为醋和油增香。

熊蜂

植物小档案

草地鼠尾草
- - - - - - - - - - - - - - - -
科属：唇形科鼠尾草属
栖息地：草甸、路边
分布范围：欧洲、西亚、非洲北部

害虫

鼠尾草盲蝽只生活在草地鼠尾草上。它用探针状的口器吸食宿主植物的汁液。

鼠尾草盲蝽

向阳而生

草地鼠尾草通常能长到30～60厘米高，它喜欢干燥的草地和阳光充足的地方。

➜ 你知道吗？

鼠尾草属的植物学名称"*salvia*"来自拉丁语"*salvare*"，意思是"治愈"。古希腊人和古罗马人早就已经把它用作药草了。

绞杀榕

绞杀榕的果实吸引来众多动物，通过动物的排泄物，绞杀榕的种子落到其他树木的枝丫上。

榕属的大多数物种分布于热带和亚热带地区。其中有一个种特别狡猾——绞杀榕。像大多数其他种一样，它也会结出许多果实，是蝙蝠、猴子和鸟类重要的食物来源。这些动物吃掉果实后，包裹在果肉中未消化的种子会被排泄出来，这样动物们就帮助绞杀榕完成了传播。种子黏附在枝条和树枝上，就会在那里发芽。

从附生植物到寄生植物

绞杀榕一开始是附生植物，它具有气生根，有的气生根从空中悬挂而下，可以长长地垂落到地面扎根；有的沿着宿主树或承托树的树干生长。一旦根须到达土壤，绞杀榕就会得到越来越多的水和养分，生长得更快，长出更多气生根，紧紧地裹住宿主树木，把它的维管束紧紧勒住，于是承托树无法再得到足够的水和养分。此外，随着绞杀榕的树冠越来越茂盛，承托树的光线也被剥夺。承托树的死亡过程可以持续数十年，最终将会被昆虫、真菌和微生物彻底分解。其间释放的营养物质使绞杀榕继续受益。绞杀榕的根脉网络越来越发达，最后，无须宿主树的支撑，它也可以稳稳站立。宿主树的位置最后只余下一个空洞。

植物小档案

绞杀榕
- - - - - - - - - - - - - - - - - -
种属：桑科榕属
栖息地：热带雨林
分布范围：亚热带和热带地区

这是柬埔寨吴哥窟的著名寺庙。这个寺庙建于12世纪，一株绞杀榕包裹缠绕着其中一个入口。

经过数十年的时间，绞杀榕消灭了宿主树，取而代之。

薯蓣

在许多非洲国家，薯蓣是一种主食，在市场上大量出售。

野生薯蓣

野生薯蓣❶主要生长在湖边、河岸和沼泽地。这种薯蓣的浆果也是榛睡鼠❷的口粮。

不可思议！

超过1亿的人以薯蓣为主食。在亚洲、中美洲和非洲的一些地区，薯蓣的根茎就像土豆一样，对人们非常重要。

薯蓣属包括几百个物种，主要分布在热带地区。其中一些物种，例如，薯蓣（亦称"山药"）可在温带生长。世界上的许多国家，人们都种植薯蓣作为食物和药用植物。

攀爬缠绕

薯蓣是藤本植物，可以沿着其他植物向上攀爬，它的卷须上长满了用于攀缘的钩刺和细毛。薯蓣常常长有圆柱形的地下块茎，达数千克重。这是它的越冬储存器官，在形状、大小、颜色以及成分上都有所不同。与土豆一样，薯蓣也含有大量淀粉，但也含有可能带来危险的其他成分。

危险的薯蓣

薯蓣的一些品种含有剧毒，人类不能食用。这种薯蓣块茎可以用于生产杀虫剂、涂抹箭头的毒药，或者用作有毒的鱼饵。其余的薯蓣品种虽然可以食用，但是不能生吃，因为几乎所有可食薯蓣仍然含有一定量的毒素，不过，这些毒素通过烹煮、烘烤或油炸就能进一步被破坏。薯蓣的味道与红薯相似，由于其淀粉含量高，在热带地区是一种主食。可惜的是，薯蓣含有的蛋白质很少，因此，只吃薯蓣会导致营养不良，还能导致糖尿病等疾病，并且降低身体的抵抗力。

肉桂

肉桂树可以长到 10 米左右。刚长出来不久的新叶含有红色色素，能保护自己不受有害紫外线的伤害。肉桂树的叶子可以用于烹饪。

植物小档案

肉 桂

科属: 樟科桂属

栖息地: 热带森林

分布范围: 亚洲

肉桂饼干和肉桂烤苹果都提取了肉桂令人难以抗拒的香气。而且，肉桂还能用于制作许多其他菜肴，比如烹饪羊肉，或者和其他香料一起制作出印度咖喱。这种气味甜美而辛辣的香料是从肉桂树的树皮中获取的。树皮的香气又归功于它所含的肉桂油。

寻找肉桂

1540 年，西班牙人冈萨罗·皮萨罗率领一支船队前往南美洲，寻找传说中的肉桂林。然而，他们走错了大陆。肉桂属的树木只生长在亚洲，南美洲可是一棵也没有。现在，除了亚洲热带地区，在加勒比海地区和塞舌尔也能找到野生的肉桂树。在其他热带国家，也开始了不同种类肉桂树的种植。

收割肉桂

人们只采收肉桂树的枝条，然后用刀把枝条上的树皮削下来❶。

削皮，晾晒，磨粉

收割肉桂的时候，并不是采割整棵树，而是只采割大约拇指粗细、一两年树龄的树枝。树枝上的树皮被削下来，包裹在垫子里过夜，让它们发酵。最外层的树皮也被去除，只有内层树皮被插在一起，先放在阴凉处晾干，再放到太阳下晒到干燥。这些肉桂棒进入贸易市场，有的被整根售卖，有的被磨成粉末。肉桂是一种古老的香料，5000 年前就在中国、印度和阿拉伯地区广泛使用，最后传到欧洲。锡兰肉桂的香豆素含量非常少。其他类型的肉桂，如中国的桂皮，香豆素的含量较多。

等到这些柔软的树皮内层在阳光下晒干，一根根肉桂皮就卷曲起来，形成了常见的桂皮形状❷。

➡ 你知道吗？

肉桂也有治疗功效。它能促进消化，缓解咳嗽，并有抗菌作用。

柠檬

柠檬是柑橘属的植物。柑橘属包括橙、柠檬、小青柠和葡萄柚等。柑橘属植物很容易相互杂交。柠檬可能起源于香橼和酸橙的杂交。

一路向西

目前还不清楚柠檬的原产地，可能来自中国、马来西亚或巴基斯坦。随着贸易商队征服世界，柑橘类水果也一路向西流传，2000 多年前，它们传到地中海地区。一开始，由于它们能出产制作香水和药物的精油，很受人们的重视。后来，柑橘类水果传到了西班牙，哥伦布又把它们带到了美洲。

水手必备

18 世纪中期，英国船医詹姆斯·林德发现，柠檬汁可以预防"坏血病"。"坏血病"是身体缺乏维生素 C 引发的疾病，许多水手一度因此丧命。而柠檬中含有的维生素 C 可以帮海员预防这种常见的疾病。

植物精油

柠檬和其他柑橘属水果都含有植物精油，主要用于香水和护肤品制造。不仅是果实，柠檬的其他部分也同样含有大量精油。

这种香橼是当年人们在地中海地区最早种植的柑橘属水果。

收获柠檬

柠檬树开花结果是同时期进行的，它的花呈粉白色，全年开花，也可以全年收获柠檬。

➤ 你知道吗？

在12月到次年4月之间成熟的柠檬才是黄色的。夏天成熟的柠檬其实是绿色的。因为许多人认为绿色的柠檬尚未成熟，并且更愿意选购黄色柠檬，所以柠檬采收后，会用乙烯气体加以处理，以褪去绿色。

蜡质外衣

柠檬树已经适应了干燥少水的栖息地，为了防止水分过度流失，它们的外层有一层蜡质。

植物小档案

柠檬

科属：芸香科柑橘属
栖息地：种植园
分布范围：地中海地区、热带和亚热带地区

甘蔗

几乎所有动物都偏爱甜食，因为在大多数情况下，甜甜的食物是很好的能量来源。不过对于人类来说，如果吃糖太多，很快就会超重，还会产生其他健康问题。

化学家区分出糖的不同类型，其中最有名的就是蔗糖。蔗糖可以从甘蔗或甜菜中获取。甜菜在欧洲的种植只有大约两个世纪的历史。在那之前，蔗糖主要来自甘蔗。

甜甜的草

甘蔗是一种草，属于禾本科植物，可长到 5 米高。甘蔗最初主要种植在东南亚等地，随着阿拉伯对外征服战争，甘蔗一路向西流传。哥伦布最终把它从欧洲带到了加勒比海。16 世纪，葡萄牙人和西班牙人在美洲建立了第一批甘蔗种植园。17 世纪，英国人和法国人在加勒比海的殖民地大规模种植甘蔗，并将糖运往欧洲，于是糖在欧洲开始流行。

在规模较小的甘蔗园里，至今还会手工收割甘蔗。

奴隶劳动

甘蔗的种植和糖的生产是密集型的劳动。在过去，加勒比海地区的种植园主奴役非洲奴隶来解决劳动力问题。于是在欧洲、非洲和美洲之间，一场残酷的跨大西洋的三角贸易开始了。欧洲制造的货物被运往非洲西部，在那里被换成黄金、象牙和奴隶。随后，船只满载着奴隶横跨大西洋驶向加勒比海。许多人在航行中死于疾病。那些活下来的人不得不在甘蔗地里当奴隶。收获的糖最终通过船只到达欧洲。

制 糖

甘蔗在榨汁机中被榨干，甜甜的植物汁液也被榨出来了❶。在锅炉中放入甘蔗汁加热，加入石灰使杂质分离。澄清的糖汁被再次煮沸蒸发，蔗糖就开始形成了结晶❷。

横切面 →

与大多数其他用于农业的禾本科植物（如小麦或水稻）不同，甘蔗并不通过播种来种植，而是通过甘蔗的梢头苗来种植。

甜甜的燃料

在巴西一家乙醇工厂的仓库里，成吨的糖等待着被转化为燃料。通过发酵，糖将转化为酒精。

植物小档案

甘 蔗

科属: 禾本科甘蔗属
栖息地: 种植园
分布范围: 热带和亚热带地区

洋 葱

世界上有大约 650 种洋葱，都属于百合科植物。厨房中使用的洋葱与大蒜、葱和熊葱都是"亲戚"。这种洋葱的叶片呈管状，可以长到 1 米高。到了冬天，植物的地上部分就会死亡，但是它的地下越冬器官仍然存活，这就是我们在烹饪时使用的洋葱。

洋葱内有许多层。

许多单生花组成了一个球状的花序。这些单生花产生甜甜的花蜜，引来昆虫为花传粉。

防御系统

切洋葱时人们难免会流眼泪，这是植物精心设计的防御系统，以抵御细菌或动物的侵袭。在洋葱的细胞壁中，含有一种叫作蒜氨酸的物质，而在细胞内另有一种化学物质，即蒜氨酸酶，这两种物质在完好的洋葱中相互分离。而一旦刀切洋葱损伤了细胞，这两种物质就会相互接触并发生化学反应，产生硫代丙醛 -S- 氧化物，这种物质具高度挥发性，会刺激眼睛。人们为了保护自己，眼睛就会分泌泪液，努力冲洗出刺激物。洋葱分泌的刺激性气体能使老鼠等啮齿动物避而远之，只是面对人类却失去了效果。人类喜欢用洋葱进行烹饪，宁愿为此忍受流泪。洋葱还含有许多硫化物，其中一些物质会相互反应，形成洋葱的特殊香气。

健康的洋葱

洋葱中的异蒜氨酸可以转化为具有杀菌作用的各种产物。这些成分有助于治疗耳痛以及呼吸器官和消化器官疾病。不过，洋葱也会使我们放屁，医生称其为胀气，这种现象也是有原因的：洋葱含有一种叫作鼠李糖的化学物质，我们的身体无法消化它，但肠道细菌可以将其分解，并产生恶臭的分解物。

洋葱芽

洋葱球里长出中空的管状叶，挤在一起。茎的部分非常短，于是叶子就直接从洋葱球里发芽生长了。

洋葱

种子

洋葱果实

完成授粉的心皮发育成小小的蒴果，里边包含着黑色的、有棱的种子。

没有洋葱就没有金字塔

古埃及人很熟悉洋葱，它既是草药又是蔬菜。在建造金字塔期间，洋葱被供应给工人们食用。

植物小档案

洋 葱

种属：百合科葱属
栖息地：花园和田地
分布范围：几乎全球

名词解释

物　种：具有一定形态特征、生理特性、行为特点和遗传组成，以及一定自然分布区的生物类群。是生物分类的基本单位，位于属之下。

科：生物分类系统中所用的等级之一。动物或植物分类，以种为单位，相近的种集合为属，相近的属集合为科，科隶于目，目隶于纲，纲隶于门，门隶于界。各阶段间又可随需要，加设亚门、亚纲、亚目、亚科、亚属等。种以下也可有亚种、变种、变型等。

植物学：研究植物的形态、分类、生理、生态、分布、发生、遗传、进化及其与人类关系的学科。

细　胞：由膜包围的能进行独立繁殖的原生质团。是一切生物体结构与功能的基本单位。

维管植物：植物体中有维管组织分化的各类植物的总称。又称维管束植物。包括蕨类植物、裸子植物和被子植物。指具有木质部和韧皮部的植物。

维管组织：植物体中运输水分、无机盐和有机物的复合组织，由木质部和韧皮部组成。

木质部：维管植物（蕨类植物、裸子植物和被子植物）中，主要起输导水分和无机盐，并有支持植物体作用的复合组织。

韧皮部：维管植物（蕨类植物和种子植物）体内输导养分，并有支持、贮藏等功能的复合组织。

根：维管植物的营养器官。通常生长于地面下，有固着、吸收、运输、贮藏、合成和繁殖等功能。

藻　类：具有叶绿素、能进行光合作用、营自养生活的无维管束、无胚的叶状体植物，一般生长在水体中。

孢　子：脱离亲本后能直接或间接发育成新个体的生殖细胞。

地　衣：藻类和真菌共生的特殊的植物类型。

光合作用：植物利用光能将二氧化碳和水等无机物合成有机物并放出氧气的过程。

叶绿素：存在于蓝细菌、藻类和高等植物中的一类极重要的光合色素。是植物进行光合作用时吸收、传递和转换光能的主要物质。

气　孔：气孔是植物体与外界交换气体的主要门户。气孔存在于所在维管植物地上部分的器官中，在叶子上最多。有些苔藓植物也有气孔。蕨类植物的孢子体上都有气孔。

花　蜜：植物花朵的蜜腺中分泌出来的味甜并有芳香味的汁液。是蜜蜂采集和酿蜜的主要原料。

花　粉：种子植物雄蕊花粉囊内的小孢子。

传　粉：成熟的花粉由雄蕊花药中散出后，被传送到雌蕊柱头上或胚珠上的过程。有自花传粉和异花传粉两种方式。异花传粉因媒介不同，又可分为虫媒、风媒、水媒等。

授　粉：植物花粉从雄蕊花药传到雌蕊柱头或胚珠上的过程。

受精（植物）：两种配子融合成为合子的过程。由合子发育成一具有双亲遗传性的新个体。受精是有性生殖的中心环节。

无性生殖：不经过生殖细胞的结合，由亲体直接产生子代的生殖方式。普遍存在于低等动物和植物中。

克隆（植物）：植物无性生殖得到的可连续传代并形成的群体。

一年生植物：在一个生长季内完成生活史的植物。即种子萌发、营养生长、开花和结实，直至植株死亡的过程在一年内完成。

多年生植物：个体寿命超过两年以上的草本和木本植物。多年生草本植物地上部每年新生和死亡，而地下茎或根可存活多年。多年生的乔木和灌木地上茎可存活许多年。

常绿植物：植物体的叶子可以保持一年四季都是绿色的植物的总称。

落叶树：每年某季节树叶全部枯死或者脱落的乔木种类。

阔叶树：一大类乔木树种的统称。因树叶扁平宽阔得名。

针叶树：松柏纲植物的统称。因叶形都近似针形（针形、鳞形、钻形、条形和刺形）且多为乔木而得名。针叶树与阔叶树相对应，是森林类型划分的重要概念。

附生植物：附着于其他植物体表面的植物。一般彼此间无营养上的联系。附生植物不是寄生植物。

寄生植物：自身不能进行光合作用制造有机物，依靠从其他植物体上吸取养料而生活的植物。

先锋植物：能在荒山、裸地自然更新生长成林的树种。一般是适应性强的喜光树种。

引种植物：从国外或国内其他地区引进种质资源，通过试验、选择和培育，使野生植物成为栽培植物，使外地作物成为本地作物。

根状茎：多年生植物的根状地下茎。有节与节间之分，节上有退化鳞叶，以此区别于根。

匍匐茎：沿地面生长的茎。基部的旁枝节间较长，每个节上可生叶、芽和不定根，与整体分离后能长成新个体。

柔荑花序：无限花序的一种。花侧生于柔软的花轴上，单性，无花梗，具苞而缺花冠，花后或果实成熟后整个花序脱落。

甜甜的花蜜

花朵用含糖的花蜜吸引昆虫，昆虫在采蜜时就会帮助传粉。

总状花序：无限花序的一种。花序主轴为单轴分枝式，主轴可继续生长。花轴引长，不分枝，花多数，花梗几近等长，着生于花总状花序轴上。当花轴长大而具有分枝，呈总状排列，且每一分枝成为一个总状花序，则称复总状花序或圆锥花序。

头状花序：无限花序的一种。花轴短缩，膨大呈球形，聚生多数无梗或几近无梗的花，花序全形呈头状。

管状花：亦称"筒状花"。菊科植物篮状花序中具筒状花冠的花。为合瓣花，花冠连合成管状。

苞　片：花或花序外围或下方的变态叶。一般为小叶或鳞叶状，绿色，有保护花芽的作用。苞片的形状、色泽、大小，因植物种类而异。

板状根：热带木本植物所特有的板状不定根。从树干基部生出，斜向入土，有增强支持地上部分的功能。

气生根：生长在空气中的一种变态根。气生根因作用不同，又可分为呼吸根、支柱根、攀缘根和吸器。

雌雄同株：也叫雌雄同体植物或两性植物。多数显花植物具有这种现象。雌雄同株的花既有雄性花，又有雌性花，称为完全花、双性花。

雌雄异株：雄性花与雌性花长在不同株的植物体上，这些植物称为雌雄异株，其花称为单性花。

雌　蕊：被子植物花中由一个或两个以上心皮所形成的雌性生殖器官。通常分子房、花柱和柱头三部分。子房内具胚珠，受精后，胚珠形成种子，子房壁发育成果皮而与种子共同形成果实。

心　皮：一般认为心皮是组成雌蕊的基本单位，被子植物的胚珠包被在心皮内。

柱　头：雌蕊顶端承受花粉的部分。一般呈球状、盘状或羽毛状等，常有凸起或分泌黏液，适应于花粉的固着和萌发。

雄　蕊：被子植物花内产生花粉的雄性生殖器官。一般由花丝和花药两部分组成。

球　果：松杉纲植物由许多种鳞集成的球状体。每一种鳞的向轴面常具两枚或更多的种子。成熟时，种鳞通常木质化，展开后

种子散出；或肉质而不展开。

蓇　果：裂果类的一种类型。由合生心皮形成，一室或多室，具多数种子，成熟时干燥开裂。

浆　果：肉质果的一种类型。由合生心皮的子房形成。外果皮薄，中果皮与内果皮肉质多汁，含一至多数种子。

核　果：由单心皮或合生心皮发育而成的一种肉果。外果皮薄，中果皮肉质，内果皮骨质，内有一室含一粒种子或数室含数粒种子。

瘦　果：果实的一种类型。由单室子房发育形成。成熟时果皮干燥而不裂开，且果皮与种皮分离。果实只含一枚种子。

发　酵：在微生物能量代谢中，使用的狭义发酵仅指专性厌氧微生物和兼性厌氧微生物在无氧条件下分解各类有机物产生能量的一种方式。

蒸　馏：利用液体中各组分挥发性的不同，以分离液体混合物的方法。

乙　烯：少量乙烯存在于植物体内，是植物的一种代谢产物，能使植物生长减慢，促进叶落和果实成熟。

嫁　接：植物营养繁殖方法的一种。将植物的一部分器官，移接到另一株植物体上，使它们愈合成长为一新个体的技术。

侵　蚀：通过水、冰、温度改变或风力，但也通过植物根系的作用，使土壤和岩石消失。

需光种子：需要光照射才能发芽的种子。

精　油：亦称"芳香油""挥发油"。一类主要的天然香料。由香料植物的花、叶、树皮、根、茎、果实、种子或分泌物经蒸馏、压榨（冷磨）或干馏方法提制而得。为具有

特征香气的油状物质。

树　脂：天然树脂主要来源于植物渗（泌）出物的无定形半固体或固体有机物。

奎　宁：抗疟药。茜草科植物金鸡纳树及其同属植物树皮中的主要生物碱。

树　线：天然森林垂直分布的海拔或纬度上限。

向光性：植物向性运动的一种。植物地上部分生长趋向于光照一侧为正向光性，不仅使叶片处于进行光合作用的最适位置，而且也使植物向高处阳光较多的地方生长。根系向背光的一面倾斜生长为负向光性。

呋喃香豆素：香豆素类的6, 7或7, 8位与呋喃基并合而成的化合物的总称。很多呋喃香豆素有抗菌、毒鱼、杀昆虫等生理作用，一些呋喃香豆素具有强烈的吸收紫外线的作用。

青　贮：一种调制饲料的方法。将青贮原料（牧草、农作物秸秆、野草及各种藤蔓等）切碎后装填紧压于青贮容器（青贮塔、青贮窖、袋等）内或堆积在地上（称"青贮堆"或"地面青贮"），密封后，在厌氧环境中经乳酸菌发酵而成的，密封状态下能长期保存。

生物碱：一类在生物体中常见的具有碱性的含氮有机化合物。

绿色香蕉

香蕉还是绿色时就会被采收，此时它们尚未成熟便登船启程，之后会用乙烯把香蕉人工催熟。

图片来源说明

WAS IST WAS

Alamy Limited：87下右(blickwinkel)；Archiv Tessloff：10下左(Antonia Griebel)；Colourbox：5下左(Noppharat Manakul)，23上右(Valery Voennyy)，38中右(Cashewkerne)，106下中(Nuss：Dima Beloconi)，106中右，127下左(VOJTa Herout)；Flickr：54上右(CC BY 2.0/Akos Kokai)，71中右(CC BY 2.0/David~O)，71上左(PD Mark 1.0/Joshua Tree National Park/NPS/Robb Hannawacker)，71上右(PD Mark 1.0/Joshua Tree National Park/NPS/Robb Hannawacker)，72中(CC BYSA 2.0/Ton Rulkens)，79下右(CC BY-SA 2.0/fraboof/ST832154)，85下右(CC BY 2.0/Luis Pérez)，86上中(CC BY 2.0/Xandra Holazo Marfori)，86下左(CC BY 2.0/tree-species)，90下右(CC BY-SA 2.0/Leo-setä)，91背景图(CC BY-ND 2.0/x1klima)，94上中(CC BY-NC 2.0/laajala)，100上左(CC BY 2.0/Redwood Coast)，108中(CC BY 2.0/Frank Vassen)，108中右(Gelbe Narzissen：CC BY 2.0/Frank Vassen)，113右(Habenaria grandifloriformis：CC BY-SA 2.0/Padma)，124下左(CC BY 2.0/Stig Nygaard)，132中(CC BY-ND 2.0/Grigory Gusev)，137下右(CC BY-SA 2.0/Rudolf Schäfer)，141上左(CC BY-SA 2.0/bobcat rock)，170上左(CC BY 2.0/Steve)，174下右(CC BY 2.0/Andrey Zharkikh)，184上中(CC BY 2.0/Forest and Kim Starr)；Getty：42中右(Cultura RM Exclusive/Philip Lee Harvey)，180上左(Gleitflugzeug：Branger/Freier Fotograf/Hulton Archive)；Lehnert，Jürgen：141中：mauritius images：9上右(Science Source/Biophoto Associates)，20下左(Dan Sullivan/Alamy)，25下右(Hemis.fr/JACQUES Pierre)，33下右(imageBROKER/Wigbert Röth)，42上右(Egmont Strigl/Alamy)，42背景图(Prisma by Dukas Presseagentur GmbH/Alamy)，50下左(Davo Blair/Alamy)，52下左(KrystynaSzulecka /Alamy)，58中右(E.R.Degginger/Alamy)，87中中(Florapix/Alamy)，103上(AfriPics.com/Alamy)，117上左(Leonide Principe/Alamy)，117上中(Dorling Kindersley ltd/Alamy)，120上右(A&J Visage/Alamy)，120下右(Frans Lanting/Mint Images)，131上中(Dan Leeth/Alamy)，132上右(EmmePi Images/Alamy)，132中右(FLPA/Alamy)，156上左(Markus Keller/imageBROKER)，156背景图(Pablo Galan Cela/age fotostock)，183上右(Richard Becker/Alamy)；Nature Picture Library：117下右(Daniel Heuclin)；picture alliance：2上左(J.Fieber/blickwinkel)，4下右(J.Fieber/blickwinkel)，4中右(C.Stenner/blickwinkel)，5中中(W.Veeser/Arco Images)，7下右(Albert Lleal/Minden Pictures)，9中右(Trüffel：G.Lacz/WILDLIFE)，9中右(Hörnling：A.Schmelzer/Arco Images)，9中右(Zunderschwamm：R.Bala/blickwinkel)，9中左(Tintenfischpilz：L.Lenz/blickwinkel)，12中右(blickwinkel/S.Sailer/A.Sailer)，13上右(blickwinkel/H.-P.Eckstein)，13中中(All Canada Photos/John E.Mariott)，13下中(Arco Images GmbH/H.Nienhaus)，14-15背景图(blickwinkel/W.Pattyn)，14下左(Arco Images GmbH/W.Rolfes)，14下右(Arco Images GmbH/W.Rolfes)，15上右(blickwinkel/S.Ziese)，15上左(Patrick Pleul/dpa-Zentralbild)，15中右(blickwinkel/S.Derder)，15下中(blickwinkel/A.Jagel)，19中(R.Gemperle/blickwinkel)，19中右(Isabel Schiffler/Jazz Archiv Hamburg)，21上中(Roland Birke/OKAPIA)，21上左(G.Guenther/blickwinkel)，23上左(Winter：P.Frischknecht/blickwinkel)，23下左(Reichsapfel：Erich Lessing/akg-images)，27中左(Frucht：W.Dolder/blickwinkel)，29中左(K.Wagner/blickwinkel)，29中(D.u.M.Sheldon/blickwinkel)，30下左(blickwinkel/A.Laule)，31上右(Photoshot)，31下左(Arco Images GmbH/O.Dietz)，33上中(Mary Evans Picture Library/Thomas Marent/ardea.com)，34上左(Arco Images GmbH/J.Pfeiffer)，34中右(Blüte：Arco Images GmbH/Sunbird Images)，34下右(Arco Images GmbH/O.Diez)，35中右(Samen：J.Pfeiffer/Arco Images GmbH)，35中下(S.E.Arndt/WILDLIFE)，35上中(R.Kaufung/blickwinkel)，35中中(Bucheckern：J.Kottmann/blickwinkel)，35右(N.Dautel/blickwinkel)，39上左(AP Photo/LAS CRUCES SUN-NEWS/Jett Loe)，40中中(D.Harms/WILDLIFE)，40中右(Arco Images GmbH/O.Diez)，45上左(Abaca/Python Jean-Guy)，45下右(dpa/Frank Leonhardt)，46中中(Roland Günter/OKAPIA)，47中左(dpa/Christian Volbracht)，48下左(Arco Images GmbH/Geduldig)，48中右(Westend61/Tom Chance)，49中右(Hippocampus-Bildarchiv/Frank Teigler)，49中中(Arco Images GmbH/R.Wittek)，51下右(Arco Images GmbH/W.Veeser)，52上左(Mary Evans Picture Library/Jean-Paul Ferrero/ardea.com)，52背景图(NHPA/photoshot/KEN GRIFFITH)，53上(Hans Lutz/OKAPIA)，53上右(blickwinkel/F.Hecker)，54中左(Ethan Daniels/WaterFrame)，55中(1：Friso Gentsch/dpa)，55中(2：Friso Gentsch/dpa)，55中(3：Friso Gentsch/dpa)，56上右(D.Harms/WILDLIFE)，57上右(Marko Jurinec/PIXSELL)，59中(D.Harms/WILDLIFE)，59下右(F.Hecker/blickwinkel)，60下右(BSIP/FOREST)，61下右(ZB-Fotoreport/Andreas Lander)，61下右(CHROMORANGE/Bilderbox)，62中右(F.Hecker/blickwinkel)，64下右(Andrea Warnecke/dpa Themendienst)，64下左(A.Held/blickwinkel)，68上右(G.Czepluch/blickwinkel)，68中(Hecker/Sauer/blickwinkel)，69上左(Steffen Hauser/botanikfoto)，69中右(Tuareg：R.Philips/Arco Images GmbH)，69上右(Frank Teigler/Hippocampus-Bildarchiv)，69下右(Frank Teigler/Hippocampus-Bildarchiv)，73下右(SONNY TUMBELAKA/AFP Creative)，73上右(Dieter Heinemann/Westend61)，74中左(R.Hoelzl/WILDLIFE)，75上左(B.Zoller/blickwinkel)，75中左(Damir Spehar/pixsell)，76下中(R.Mueller/Arco Images GmbH)，77中右(Michael Schöner/Universität Würzburg/dpa)，77下右(Ch'ien Lee/Minden Pictures)，80中右(D.Harms/WILDLIFE)，82下右(D.Harms/WILDLIFE)，83下左(D.Harms/WILDLIFE)，83背景图(P.Frischknecht/blickwinkel)，84中(Pascal Goetgheluck/ardea.com/Mary Evans Picture Library)，84下右(Peter Gercke/dpa-Zentralbild)，84中右(D.u.M.Sheldon/blickwinkel)，85上(AP Photo/Juan Karita)，85左(G.Lacz/WILDLIFE)，88中左(Marienkäfer：Woodfall/Photoshot/Mark Hamblin)，88下中(blickwinkel/S.Zankl)，89中右(dpa/Christoph Schmidt)，90背景图(APA/Franz Pritz/picturedesk.com)，91中右(akg-images)，98左(Frischknecht Patrick/prisma)，102中左(S.Zankl/blickwinkel)，104下左(fotototo/blickwinkel)，104下右(fotototo/blickwinkel)，105上右(Detlef Feldkamp/OKAPIA)，105下中(C.Stenner/blickwinkel)，105中右(R.Bala/blickwinkel)，106下中(Flagge：K.Steinkamp/McPHOTO/blickwinkel)，107下右(C.Wermter/Arco Images GmbH)，107背景图(H.Schulz/blickwinkel)，109中(M.Harvey/WILDLIFE)，111下右(B.Gierth/Arco Images GmbH)，112下中(A.Trunk/Arco Images GmbH)，112上(Michael&Patricia Fogden/Minden Pictures)，113右(Dracula Simia：MAXPPP/dpa)，113下中(Konrad Wothe/Minden Pictures)，114上右(C.Huetter/Arco Images GmbH)，114中右(2：D.Harms/WILDLIFE)，114下右(F.Hecker/blickwinkel)，114上左(H.-P.Oetelshofen/blickwinkel)，115中右(Terry Why/OKAPIA)，123上右(Bernd Weißbrod/dpa-Report)，123中右(A.Held/blickwinkel)，125上左(Frank Teigler/Hippocampus Bildarchiv)，125下右(O.Diez/Arco Images GmbH)，125上右(A.Jagel/blickwinkel)，125下(C.Wermter/blickwinkel)，126中右(Blüte：N.Dautel/blickwinkel)，128上中(A.Laule/blickwinkel)，130中左(Amir Sadeghi/Parspix/abaca)，130背景图(Fatemeh Bahrami/Anadolu Agency)，131下中(Grenville Collins P/Mary Evans Picture Library)，131下右(Kauz：Jim Zipp/ardea.com/Mary Evans Picture Library)，134下中(Wolfram Steinberg/dpa-Report)，134上右(Begsteiger/Bildagenturonline)，135上中(Kurt Scholz/dpa-Bildarchiv)，139中右(C.Wermter/blickwinkel)，140上左(Blüte：D.Harms/WILDLIFE)，141下左(akg-images)，141上右(Stephanie Pilick/dpa)，142中(Michael Warren/UMW/Photoshot)，142上左(D.Harms/WILDLIFE)，142上右(F.Hecker/blickwinkel)，142中右(R.Kaufung/blickwinkel)，142下右(F.Perseke/blickwinkel)，144中右(Isabel Schiffler/Jazz Archiv Hamburg)，145下中(A.Jagel/blickwinkel)，145上右(A.Jagel/blickwinkel)，145上左(Andrea Warnecke/dpa Themendienst)，145中左(Vaclav Salek/CTK/dpa)，146上中(Tobias Landmann/dpa-Fotoreport)，147上左(D.Mahlke/Arco Images GmbH)，147下右(1：K.Wothe/blickwinkel)，147中右(Bob Gibbons/ardea.com/Mary Evans Picture Library)，149上左(Aribert Jung/Klett)，149下中(David Kilbey/ardea.com/Mary Evans Picture Library)，150右(D.Harms/WILDLIFE)，151中左(2：LAURIE CAMPBELL/NHPA/photoshot)，151上右(Gerard Lacz/Anka Agency International)，151中右(A.Jagel/blickwinkel)，152中左(Karl Gottfried Vock/Okapia)，152下右(1：Aribert Jung/Klett)，152下右(2：Aribert Jung/Klett)，152下右(3：Aribert Jung/Klett)，153背景图(F.Herrmann/blickwinkel)，153下右(A.Krieger/blickwinkel)，153中右(C.Stenner/blickwinkel)，154中左(H.Reinhard/Arco Images GmbH)，154上右(Camerabotanica/Arco Images GmbH)，155下左(2：Armin Hinterwirth/Science)，156中(K.Wothe/Arco Images GmbH)，156中右(Gerd Penner/OKAPIA)，159下右(Fiona Hanson/PA/empics)，160中右(Hans Reinhard/Okapia)，160下右(Sunbird Images/Arco Images GmbH)，162中(STEPHEN DALTON/NHPA/photoshot)，162上中(O.Diez/Arco Images GmbH)，162背景图(D.Damschen/Arco Images GmbH)，162下左(D.Harms/WILDLIFE)，164中(1：Aribert Jung/Klett)，164中(2：R.Koenig/blickwinkel)，165上(F.Hecker/blickwinkel)，166下中(STEPHEN DALTON/NHPA/photoshot)，166下右(K.Wothe/Arco Images GmbH)，167背景图(Markus Lange/robertharding)，168上(H.Duty/blickwinkel)，169下左(Knospe：Alfred Schauhuber/chromorange)，169下左(geöffnete Blüte：R.Bala/blickwinkel)，169上右(Sunbird Images/Arco Images GmbH)，170上左(Michael Warren/UMW/Photoshot)，170下左(O.Diez/Arco Images GmbH)，170中右(McPHOTO/blickwinkel)，171下(W.Layer/blickwinkel)，172下中(Bildagentur-online/Fischer)，173上右(Jan-Peter Kasper/dpa-Report)，175上右(A.Hartl/blickwinkel)，175下左(H.Frei/Arco Images GmbH)，175中(Hecker/Sauer/blickwinkel)，176中右(Beate Schleep/dpa-Report)，176上右(O.Diez/Arco Images GmbH)，176下(Bill Coster/ardea.com/Mary Evans Picture Library)，179上右(Robert Hunt Collection/Mary Evans Picture Library)，180中(2：P.Hartmann/D.Hosking/WILDLIFE)，180下右(N.Lipka/blickwinkel)，180下中(aufgeschnitten：Pascal Goetgheluck/ardea.com/Mary Evans Picture Library)，181中右(1：Karin Hansen/chromorange)，181中左(Wassertropfen：F.Fox/blickwinkel)，182中(Frank May)，183下左(H.Reinhard/Arco Images GmbH)，183下右(R.Guenter/blickwinkel)，184下中(Gerald Cubitt/Okapia)，185中右(1：O.Diez/Arco Images GmbH)，185中右(2：M.Hamblin/WILDLIFE)，187上右(D.Diez/WILDLIFE)；Pixelio：32中(Roman Ibeschitz)，32下(Wilhelmine Wulff)，35中左(Rainer Sturm)，67中右(M.Großmann)，83中右(uschi dreiucker)，94下左(bbroianigo)，177下中(Rosel Eckstein)；Schmeling，Michael：12-13背景图(www.aridocean.com)；Shutterstock：1背景图(divedog)，2中(Burkhard Trautsch)，2-3背景图(D)，3下右(Bernadette Heath)，4下左(Laura Dinraths)，5下右(azure1)，5中右(AlexussK)，5上左(Mysikrysa)，5上中(Katilda)，6左(showcake)，6下中(PKZ)，7下右(Hack_bsh)，7下中(Bildagentur Zoonar GmbH)，7中右(Chrispo)，7上右(JeffreyRasmussen)，8下中(Kichigin)，8上左(Burkhard Trautsch)，8下右(Andrey Solovev)，9下左(offstocker)，10下中(Igor Stramyk)，10背景图(fotohunter)，10中(Ailisa)，10上右(Albo003)，11上右(lucky-photographer)，11中中(Geraschenko Tymofii)，11中右(Ethan Daniels)，11下左(Ranken：gobalink)，11下左(Kürbis：topseller)，11下中中(You Touch Pix of EuToch)，11下右(Lukas Gojda)，12上中(Todd Klassy)，12下右(Egon Zitter)，12中右(Rich Carey)，13上左(TheBigMK)，14上右(Jan Wachowski)，14中(Alikosina)，14下右(Kevin Eaves)，15中左(Schlegelfotos)，16中右(Elena Dijour)，16下右(LeOPL)，16上左(Yevhen Prozhyrko)，17上左(tntphototravis)，17背景图(Jesus Cervantes)，17上中(Robert Schneider)，18上左(Sebastiana)，18下左(Daniel Prudek)，18(1 Blatt：garmoncheg)，18(1 Frucht：D.Kucharski K.Kucharska)，18(2 Blatt：anmo)，18(2 Frucht：flaviano fabrizi)，18(3 Frucht：flaviano fabrizi)，19上右(Nina B)，19下(LuminatePhotos by judith)，20上中(Ethan Daniels)，20上左(Ethan Daniels)，20-21背景图(Rich Carey)，21下右(Yuriy V.Kuzmenko)，21中右(Daniel Poloha)，21上右(Kristel Segeren)，21中(VarnaK)，21中下(Karpenkov Denis)，22上右(wandee007)，22中右(Poomography)，22中(Wasan Srisawat)，22下中(Hintau Aliaksei)，23上左(Frühling：Oscity)，23上左(Sommer：konzeptm)，23下左(Granatapfel：Anna Sedneva)，23下右(1：tanasieeugenandrei)，23下右(2：agrofruti)，24中左(1：Vladimir Melnik)，24中左(2：picturepartners)，24中左(3：Marc Burleigh)，24下(tviolet)，25上右(leungchopan)，25中(leungchopan)，26上左(chanoknun)，26上右(Lamyai)，26下左(Lamyai)，26中左(Swapan Photography)，26下右(topimages)，26下中(pp1)，27中右(Blüte：Kentaro.k)，27下(Pierre-Yves Babelon)，27下右(Antero Topp)，28上(Jerry Horbert)，28下左(Everett Historical)，28下左(Suprun Vitaly)，28下右(Baumwollblüte：PhilipYb Studio)，29中右(Vibrant Image Studio)，30上(Sandra Matic)，30中右(xpixel)，30中左(Olaf Schulz)，30下右(Marina Lohrbach)，31中右(Iakov Filimonov)，32上右(Rudmer Zwerver)，32上右(Anastasia_Panait)，33上右(Katy Foster)，33下左(Moolkum)，34上右(jack_photo)，34中右(hjochen)，36上左(Curioso)，36中中(Wellensittich：Vyaseleva Elena)，36中中(Branko Jovanovic)，36下右(Tatiana Belova)，37上右(Thirteen)，37中左(Julia Kuznetsova)，37中中(MilousSK)，37下(petersemler-photography)，38上(Matjoe)，38中右(Cashewbaum：Phasini Chooarun)，39中左(Adrian_am13)，39下(ying)，40下右(Kletr)，40下中(emka74)，41上左(vitasunny)，41中(Oleg Malyshev)，41中右(N_Chamunee)，41中下(Hortimages)，43上左(Vassamon Anansukkasem)，43上右(Zhou Eka)，43下左(Aran1988)，43中右(toodlingstudio)，44上(Suratwadee Karkkainen)，44上右(Jausa)，44下右(Erik Wollo)，44下右(Bildagentur Zoonar GmbH)，44下右(weiße Blüten：ArgenLant)，45上右(Mihai-Bogdan Lazar)，45下左(Real PIX)，46左(Semmick Photo)，46下右(FCG)，47上中(Bildagentur Zoonar GmbH)，47下左(Korken：Nik Merkulov)，47下左(Früchte Traubeneiche：AlessandroZocc)，47下中(Früchte Stieleiche：kanusommer)，47下右(Zyankarlo)，48背景图(Truengtra Paejai)，48下右(guentermanaus)，49上右(Neil Burton)，49中(TüpfelEnzian：Gherzak)，49下(Peter Wey)，50上右(apple2499)，50上左(Tawann PSimmons)，50中中(Andy Tan Hong Wei)，50中中(janaph)，51上右(Ana Marques)，51中(Isuaneye)，51背景图(Ztudio-Neosiam)，51下中(Petukhova Elena)，53中右(Marta Teron)，53背景图(Evgenii Iaroshevskii)，54下左(Pete Burana)，55中左(Ruud Morijn Photographer)，55下(allanw)，55上中(baibaz)，55上右(ZoranKrstic)，56下(PJ photography)，56中右(Nikolina Mrakovic)，56上中(Erik Karits)，57中(G_O_S)，57背景图(O_Schmidt)，57中右(mr_coffee)，58上左(Nenov Brothers Images)，58下中(Bildagentur Zoonar GmbH)，58上(Samen：Jiang Zhongyan)，58上右(Früchte：Apple1966)，59背景图(Imfoto)，60-61背景图(Nataliya Hora)，60上左(igorstevanovic)，60上左(Cherries)，61上右(ang intaravichian)，61中右(Mopic)，62下右(Aleksandr Stepanov)，62上左(Nadezhda Nesterova)，62中(Maxal Tamor)，63中(Vladimir Zaplakhov)，63上中(Chris Moody)，63中右(TTphoto)，63背景图(Brian S)，64上右(tomkawila)，64上中(underworld)，64中(Borys Vasylenko)，65下左(travelpeter)，65中右(Maks Narodenko)，65下右(Neil Burton)，65上右(Tikta Alik)，65中左(1：Henri Koskinen)，65上(sabyna75)，65中左(2：Przemyslaw Muszynski)，66中右(2：Eliane Haykal)，66中右(1：Bildagentur Zoonar GmbH)，66下中(Peter Hermes Furian)，66下右(Nataliia Melnychuk)，66上(Mie EF Pedersen)，67背景图(David Navrátil)，67上右(Ian Grainger)，67中左(Nina Osintseva)，68下(Andrii Zhezhera)，68中右(Mark Heighes)，69中右(Indigofarbe：Kimrawicz)，70上右(Kletr)，70中左(Tukaram.Karve)，70上中(Suptar)，71下(Patrick Jennings)，71中右(ElenaMorozova)，72下左(wasanajai)，72右(GOLFX)，72上左(jaret kantepar)，73中右(Larry St.Pierre)，73上左(Chris Howey)，74下右(Africa Studio)，74上左(Maria Nelasova)，74下中(Pixeljoy)，75上右(ricok)，75背景图(yuris)，76下左(Santiti Chanpeng)，76左(Stephane Bidouze)，77上右(Jeff McGraw)，78上右(3：wk1003mike)，78中右(loca4motion)，78下中(Peter de Kievith)，79上右(Richard Williamson)，79下中(Matjoe)，80下中(SeDmi)，80下右(Ben Schonewille)，80上右(vladimir salman)，80上中(guentermanaus)，81上左(Apples Eyes Studio)，81下右(photofriday)，81中(wisawa222)，81下中(oksana2010)，82上左(Peter Turner Photography)，82上(Evgenii Mironov)，82下左(weibliche Blüte：Maslov Dmitry)，82下左(männliche Blüte：Nadezhda Nesterova)，83中右(2：Arina P Habich)，83上右(Volker Rauch)，83中左(1：Paul Kulinich)，84上(Bildagentur Zoonar GmbH)，86背景图(Ethan Daniels)，86下右(yod370)，86下中(Iakovleva Marina)，87上右(Onishchenko Natalya)，88中左(precinbe)，88背景图(Henrik Dolle)，89上(ve_ro_sa)，89上左(Krzysztof Slusarczyk)，89下左(Alexander Raths)，90上左(Miroslav Hlavko)，90上右(colin robert varndell)，90中右(Henri Koskinen)，91上右(Oleg Znamenskiy)，91下中(Anette Linnea Rasmussen)，92上(Pixeljoy)，92中左(Jez Bennett)，92上右(Byelikova Oksana)，92中右(Le Do)，92下右(Adwo)，93背景图(Manfred Ruckszio)，93上中(dabjola)，93上右(Lizard)，93中右(Karel Gallas)，94上左(Ottochka)，94下中(muratart)，95上(HDesert)，95背景图(Romolo Tavani)，96下右(Madlen)，96上左(Marek Mierzejewski)，96中(Warnschild：JONGSUK)，96上右(LensTravel)，96下右(mar_chm1982)，96下中(Dmitry Kachalkov)，97左(geschlossener Maiskolben：pornvit_v)，97下左(Jausa)，97中左(2：Andrew Koturanov)，97中左(1：rootstock)，97下右(thka)，97上右(smereka)，98下中(3：Neil Burton)，98下左(2：Sleepyhobbit)，98下中(4：Jackan)，98下右(5：Valerii Iavtushenko)，99中左(Kazakova Maryia)，99上左(Kazakova Maryia)，99下右(udaix)，99中右(udaix)，100下中(Candia Baxter)，100中(Oleg Bakhirev)，101上右(Protasov AN)，101下(holbox)，101中左(1：Lucky_Li)，101中左(2：Dolores Giraldez Alonso)，101中右(Marco Ossino)，101中左(3：Dionisvera)，102上右(Ian Grainger)，102下(Ruud Morijn Photographer)，102中右(Owe)，102上左(Gabi Wolf)，103下中(Jaroslaw Grudzinski)，103中右(Karel Bartik)，104下右(BluOltreMare)，104上左(Noppharat4569)，105下右(Olga Gordeeva)，105下左(3Dstock)，106上右(Artush)，106中(rakratchada)，107上右(magnetix)，108上(julietta24)，108中右(Scheidenblätter：traction)，109上右(suteenakin)，109中右(Gelbe Nelke：klerik78)，109下右(Ketrin_Ti)，109中右(kzww)，109中右(Rote Nelke：lcrms)，109中右(Rosa Prachtnelke：Michal Pesata)，110上右(Andrey Kudinov)，110下(Oleg Znamenskiy)，110中左(1：AlfonsoS)，110中左(2：sebastianosecondi)，111下左(Arina P Habich)，111中右(apiguide)，111上(Ewais)，112中左(aodaodaodaod)，113右(Impatiens psittacina：Indypendenz)，113右(Habenaria radiata：Yukiakari)，113右(Ophrys apifera：Andreas Zerndl)，114中右(1：AlessandroZocc)，114中(vvoe)，115上(thi)，115下右(Marco Ossino)，115下(4：Marco Ossino)，115下(3：Marco Ossino)，115下(2：Marco Ossino)，115下(1：Marco Ossino)，115中左(Carlos Neto)，116上右(Andre Valadao)，116中左(gubernat)，116中右(Martin Mecnarowski)，116下左(Artsister)，116下右(fotomika)，117上右(guentermanaus)，117中右(JIANG HONGYAN)，118中左(oben：Elena Dijour)，118下右(marilyn barbone)，118上右(Irina Borsuchenko)，118上左(OlgaBungova)，118中右(Wiert nieuman)，118下左(HHelene)，118中左(unten：Ottochka)，119上中(Pinenkerne：Madlen)，119上中(Zapfen：vallefrias)，119下(canadastock)，119中右(LFRabanedo)，120上右(Alexander Mazurkevich)，120中(Johari Saad)，120中右(Johari Saad)，121下右(Leonid Ikan)，121上(Daniel Prudek)，121中(ER_09)，121中右(Mirko Graul)，122上(John Bill)，122下左(Peangdao)，122下右(COLOA Studio)，122中右(OULAILAX NAKHONE)，123中左(Glasdach：Everett Historical)，123下(Gerrardkop)，123中左(Blatt：Helmut Seisenberger)，124背景图(Vadim Petrakov)，124上中(dadalia)，125上中(D.Kucharski K.Kucharska)，126上右(Elena Schweitzer)，126背景图(Triff)，126中右(Rosenöl：Rafinaded)，126中左(George Sandu)，127上右(Whiteaster)，127下中(anmo)，127中(garmoncheg)，127上右(Jiri Vaclavek)，128中右(Martin Mecnarowski)，128背景图(Seaphotoart)，129右(Warnschild：JONGSUK)，129下中(AS Food studio)，129下右(PHOTO FUN)，129上(Nidnoy)，130中(ntstudio)，130上右(Gts)，131左(Bernadette Heath)，131下右(Specht：dilynn)，132下(Medvedev Vladimir)，133上(photolike)，133下右(SelenaMay)，134左(Marek Mierzejewski)，135上右(docstockmedia)，135中右(Vishnevskiy Vasily)，135下(FO-ART)，135中左(Igor_photo)，136下(Erni)，136中右(Roel Meijer)，136上右(olpo)，136中右(AR Pictures)，137中右(Eag1eEyes)，137上(Bildagentur Zoonar GmbH)，137中左(Sandra Standbridge)，138下右(Manfred Ruckszio)，138上右(PJ photography)，138背景图(PJ photography)，139上右(Warnschild：JONGSUK)，139中(simona pavan)，139下(Branislav Cerven)，139上右(Zwergholunder：Kateryna Pavliuk)，140上左(Frucht：apiguide)，140中左(Andreas Argirakis)，140上右(Ng KW)，140下左(siam.pukkato)，143中右(Schote：Alf Ribeiro)，143中右(Blüte：sima)，143上左(margouillat photo)，143上右(oticki)，143背景图(nnattalli)，144上右(Charles Brutlag)，144下右(Mironmax Studio)，144中左(Nublee bin Shamsu Bahar)，145下左(Catalin Petolea)，145上右(showcake)，145中右(IanRedding)，146背景图(liseykina)，146中左(Leszek Kobusinski)，146中右(Dipak Shelare)，147下右(2：Andres Ello)，147中(Ryzhkov Sergey)，148下右(TunedIn by Westend61)，148下左(YamabikaY)，148上右(ArgenLant)，149中(PHOTO FUN)，149中左(HildaWeges Photography)，149上左(Uttawit Inma)，150中(Warnschild：JONGSUK)，150下中(UbjsP)，151中左(1：Bos11)，151下左(Sebastian Nicolae)，152上左(Randimal)，152中右(Todd Boland)，153中(Julie Anneberg)，154下左(2：dabjola)，154上中(Olga Kovalenko)，154下右(anat chant)，154下左(1：Ruud Morijn Photographer)，154下左(3：akekalak phatchaitong)，155下中(LianeM)，155下左(1：Jeffdongphotography)，155上左(SimplyDay)，155中右(MR.PRAWET THADTHIAM)，157上(Zhao jian kang)，157中(jack_photo)，157中右(Milosz Maslanka)，157下右(fedsax)，157下左(artphotoclub)，158下左(Julia Pivovarova)，158上左(Dr Morley Read)，158上右(IanRedding)，158中(Mironmax Studio)，159下右(Erik Cox Photography)，160下中(Warnschild：JONGSUK)，160上中(Manfred Ruckszio)，161下(Ankor Light)，161上右(atiger)，161中(Zwiebeln：Tommy Atthi)，161中(Samen：Manfred Ruckszio)，162上右(Anest)，163上左(Pierre-Yves Babelon)，163下右(Cornelia Pithart)，163下右(3：Jiri Hera)，163下右(2：bjul)，163上右(Thomas Klee)，163下右(1：Kletr)，164下左(icormen13)，164中右(Bildagentur Zoonar GmbH)，164上左(SewCream)，165中右(Marco Uliana)，165下右(Karel Gallas)，166下左(Tamara Kulikova)，166上右(Ian Grainger)，166上左(Jolanda Aalbers)，167上右(Martin Fowler)，167中(Wiert nieuman)，167中左(Bubushonok)，168下左(Studio Barcelona)，168中右(Gartenerdbeere：UbjsP)，168上左(DementevaJulia)，168中右(Walderdbeere：EM Arts)，168中左(TaskeZ)，169下左(HandmadePictures)，170中左(Kussko)，171中(Frucht：arka38)，171中右(Artur_eM)，171上右(Eichhörnchen：Bildagentur Zoonar GmbH)，172上右(zprecech)，172中左(V J Matthew)，172背景图(Suriya Wattanalee)，172下右(Manfred Ruckszio)，172中右(Galamaga Olga)，173下中(getIT)，173中左(2：Bildagentur Zoonar GmbH)，173上左(Angel DiBilio)，173中左(1：Amazing snapshot)，173中右(F.Neidl)，173下右(Shigeyoshi Umezu)，174上左(Sylvie Bouchard)，174上右(AlessandroZocc)，174中(winnieapple)，174下左(Thanakorn Hongphan)，175背景图(Hubert Schwarz)，177中右(Vytautas Kielaitis)，177上(ah_fotobox)，178下右(3：Shi Yali)，178下右(2：Huaykwang)，178上右(Kokon：Bankrx)，178上右(Raupen：PinntoSlothbear)，179中左(Robert Biedermann)，179中右(oizostudio)，179背景图(Ruud Morijn Photographer)，180下中(Bambuswald：Kenneth Dedeu)，180中(1：Nadezhda Nesterova)，180中右(3：Josep Curto)，181下(Yevgen Belich)，181上右(Schlauchboot：stoykovic)，181上左(WrightFlugzeug：Everett Historical)，181上右(Mittagsblume：sebastianosecond)，181中左(Schwimmfarn：Tinymini)，181上右(Ahornfrucht：flaviano fabrizi)，181中右(2：Tho-Thong)，181中右(3：Bohbeh)，182背景图(Potapov Alexander)，182中右(Grigorii Pisotsckii)，182上左(AKI's Palette)，184下右(Paul Cowan)，184左(Jose Ignacio Soto)，185上右(Sarine Arslanian)，186下右(RomanSo)，186中(Jaromir Chalabala)，186中右(Jaromir Chalabala)，186上右(DESIGNFACTS)，186上左(Natali22206)，187下(Protasov AN)，187上中(Trong Nguyen)，188下(T photography)，188中左(santol)，188中(Querschnitt：Lotus Images)，188中(1：small1)，188上左(Kaban-Sila)，188中(2：Ronaldo Almeida)，188中右(Saranya Loisamutr)，189上左(Alina Kuptsova)，189中左(Elena Runova)，189上中(Ruslan Merzliakov)，189下(pokku)，189中(Rafinaded)，190下左(Texturis)，190中左(Protasov AN)，191上右(Olesia Bilkei)；Thinkstock：31下右(Mik122)，122上右(AlexBrylov)，124中右(graemes)；Wikipedia：61上左(CC BY-SA 3.0/Christian Fischer)，18(3 Blatt：CC BY-SA 2.5/Willow)，28中右(Agricultural Research Service，United States Department of Agriculture/Public Domain CC 0)，37中中(Samen：Rasbak/CC BY-SA 3.0)，38下右(Wolffardt/CC BY-SA 3.0)，40上右(Forest&Kim Starr/CC BY 3.0)，42中中(Maša Sinreih in Valentina Vivod/BY-SA 3.0)，45下中(Σ64/CC BY 3.0)，46上右(Muséum de Toulouse/Didier Descouens/CC-BY-SA 4.0)，46下中(Manfred Kunz，Willingen/CC BY-SA 3.0)，52上右(Melburnian/CC BY 3.0)，54中右(Forest&Kim Starr/CC BY 3.0)，58下左(CC BY-SA 3.0/EecherplazGinkgo06.jpg：Cayambe)，73上中(CC 2.0/U.S.Fish and Wildlife Service Southeast Region/Uploaded by AlbertHerring)，73中(CC BYSA 3.0/Fernando Rebelo)，74下左(PD/Keith Weller，USDA Agricultural Research Service/ID K4636-14)，78上右(2：CC BY-SA 2.0/Dinesh Valke from Thane，India)，85中右(CC BY-SA 3.0/H.Zell)，87中左(CC BY 2.0/Pato Novoa/Uploaded by uleli)，88上左(CC BY-SA 3.0/Daniel Schwen)，93中右(Stufenlinde：CC BY-SA 3.0 de/Störfix)，103下右(CC BY-SA 3.0/Genet at German Wikipedia)，104上右(CC BY-SA 3.0/H.Zell)，113下左(CC BY-SA 3.0/Esculapio)，117中右(CC BY 3.0/M.C.Covalcante，F.F.Oliveira，M.M.Maués，and B.M.Freitas)，128上右(CC BY-SA 3.0/Louise Wolff (darina))，129中右(CC BY-SA 3.0/Danny Steven S.)，133下右(2：CC0/Proton02)，133下右(1：CC0/Proton02)，150下左(CC0/AnRo0002)，152中(CC BY-SA 3.0/Stefan.lefnaer)，159上中(PD/Stickpen)，169下左(Früchte：CC BY-SA 3.0/chris)，178下(CC-BY-SA 4.0/Dimitar Naydenov)，179上中(CC BY-SA 3.0/Michael Gäbler)，180上右(Flugsamen：CC BY 2.0/Scott Zona from Miami，Florida，USA)；站酷海洛：16下左，29背景图，79上左；图虫创意：70上左，78上右(1)，78背景图

纸张结构背景：Shutterstock (Roberaten)
环衬：Shutterstock：上左(VikaSuh)
封面图片：Shutterstock：U1 (Pete Burana)，U4 (Voronin76)

WAS IST WAS Edition Welt der Pflanzen
By Dr. Manfred Baur
© 2017 TESSLOFF VERLAG, Nuremberg, Germany, www.tessloff.com
© 2024 Dolphin Media, Ltd., Wuhan, P.R. China
for this edition in the simplified Chinese language

图书在版编目（CIP）数据

德国少年儿童植物大百科 / （德）曼弗雷德·鲍尔著；
李雪译. — 武汉 ： 长江少年儿童出版社，2024.4
ISBN 978-7-5721-4797-5

Ⅰ. ①德… Ⅱ. ①曼… ②李… Ⅲ. ①植物—少儿读
物 Ⅳ. ①Q94-49

中国国家版本馆CIP数据核字(2024)第034671号
著作权合同登记号：图字17-2023-174

审图号：GS（2024）0564

DEGUO SHAONIAN ERTONG ZHIWU DABAIKE
德国少年儿童植物大百科

[德] 曼弗雷德·鲍尔 / 著　　李 雪 / 译
责任编辑 / 汪 沁　邱雨婷
装帧设计 / 管 装　美术编辑 / 熊灵杰　魏孜子
出版发行 / 长江少年儿童出版社
经　　销 / 全国新华书店
印　　刷 / 鹤山雅图仕印刷有限公司
开　　本 / 889mm×1194mm　1/16 开
印　　张 / 12.5
字　　数 / 370 千字
印　　次 / 2024 年 4 月第 1 版，2024 年 8 月第 2 次印刷
书　　号 / ISBN 978-7-5721-4797-5
定　　价 / 158.00 元

策　　划 / 海豚传媒股份有限公司
网　　址 / www.dolphinmedia.cn　　邮　箱 / dolphinmedia@vip.163.com
阅读咨询热线 / 027-87677285　　销售热线 / 027-87396603
海豚传媒常年法律顾问 / 上海市锦天城（武汉）律师事务所
张超　林思贵　18607186981